小笠原が救った鳥

アカガシラカラスバトと海を越えた777匹のネコ

有川美紀子 著

アカガシラカラスバト成鳥全身。頭の色から〝アカガシラ〟の名がついた。首の部分の虹色は構造色で羽自体には色はない。光を反射すると美しい虹色が現れる（提供：小笠原自然文化研究所）

若鳥全身。全体的に黒く、細い。成鳥と同じ色になるには三カ月程度かかる（提供：小笠原自然文化研究所）

小笠原は亜熱帯気候であり、夏の晴れた日の海・空の青さはすばらしい（提供：鈴木創・小笠原自然文化研究所）

右：一八二八年、ロシアの探偵家リュトケのセニヤウイン号が小笠原に立ち寄った際、同行した鳥類学者のキトリッツが描いたオガサワラカラスバト（すでに絶滅・上）とアカガシラカラスバト。Kupfertafeln zur Naturgeschichte der Vögel より。

上：アカガシラカラスバトを育む森。右のフェンスはアカガシラカラスバトサンクチュアリとの境界。初寝浦遊歩道にて（撮影：有川美紀子）

目次

小笠原が救った鳥——アカガシラカラスバトと海を越えた777匹のネコ

1 絶滅寸前、残りあと四〇羽

2 カゴを背負って道なき道を

※この本の中で使われる「ネコ」について、文中では以下のように区別している。

飼い主がはっきりしているネコ＝飼いネコ

特定の飼い主がいないが地域で誰かが餌をやっている、または飼い主はいるが外に出されているネコ＝ノラネコ

山で野生化したネコ＝ノネコ

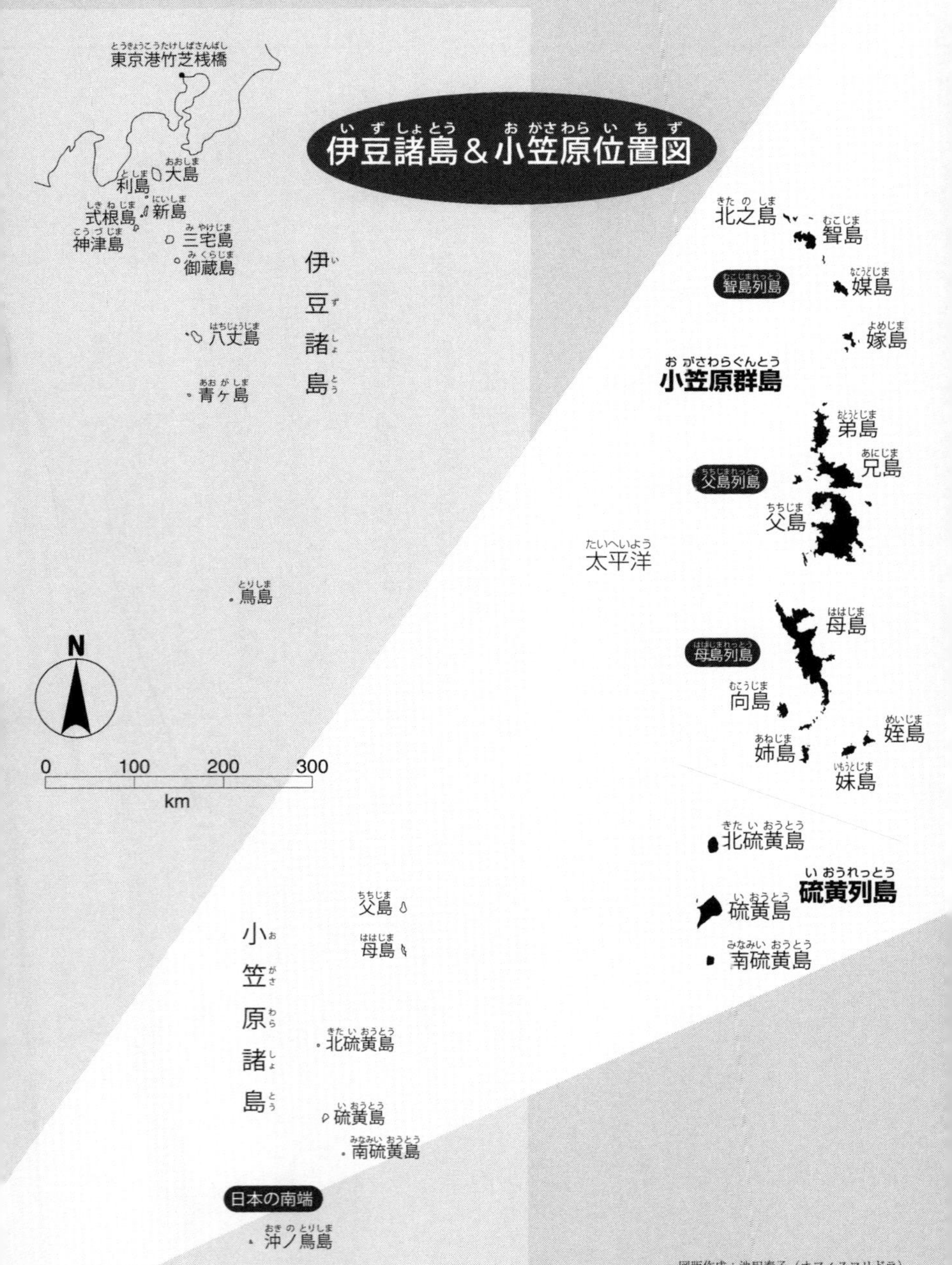

図版作成：池田泰子（オフィスコリドラ）

1

絶滅寸前、残りあと四〇羽

その鳥は〝幻〟だった

ほんの十年前の話だ。

ある南の島の森に、秋から冬にだけ姿を見せるといわれていたその鳥は、

「クルルッ　ウゥ〜〜」

と、鳴き出しのところは軽く巻き舌のようにさえずり、そのあとまるで牛のような太い声でウゥ〜〜と鳴いた。しかし、彼らはもうほんの僅かしか生き残っていなかった。だから、名前はかろうじて知られていても、ほとんどの人が見たことがなく、その存在は〝幻〟だった。

アカガシラカラスバト。名前の通り頭が赤（というよりは正確にはメタリックなぶどう色）をしているハト目ハト科のカラスバト。ドバトより少し大きいこの鳥は、地球上で小笠原諸島にしか生息しない。繁殖期と思われる秋に、山の奥深くで瞬間的に人間と交差するとき以外の生態は全く謎だった。そしてその謎は解かれないまま、誰の目にも触れないで彼らは絶

滅への道を一歩踏み出そうとしていた……。

あのときまでは。

物語の舞台は小笠原諸島。東京から約一〇〇〇キロ南南東にある東京都の島々だ。もっとも大きな島でさえ、二三・八〇平方キロ（千代田区の約二倍）しかない小さな島々の集まり。行政区分としては東京都に属している。小笠原は日本最東端の南鳥島《みなみとりしま》から、排他的経済水域を死守している沖ノ鳥島《おきのとりしま》まで非常に広範囲なのだが、この本で記す小笠原は北緯二七度東経一四二度の北之島から、北緯二六度東経一四二度の母島《ははじま》周辺の無人島までの、聟島列島《むこじまれっとう》、父島《ちちじま》列島、母島列島という三〇余りの島々＝小笠原群島の、一般人が暮らす父島と母島を中心としている。

この小笠原で一つの取り組みが行われてきた。それは、ある奇跡だった。失われていこうとするものを止めようとした数人の行動が次第に周囲を巻き込む渦のようになり、結果的に思いもしなかった未来と出会うことになったのだ。

「あきらめずに続ければ何かが変わる」

その取り組みを見ていて、私は教えられた。それはいったいどんなことだったのか、記していきたいと思う。

私自身は一九九九年に初めて小笠原を訪れて以来、この島に通い続け文章を通して島を紹介し続けてきた人間だ（二〇〇九年から二〇一〇年半ばにかけては一時的に住民だったこともあるが）。

その立ち位置からいわば狂言回しとしてこの十年の小笠原を書き記していこうと思う。そういう意味で、この文章は記録であるけれども、外から小笠原を見続けた私のフィルターを通していることをお断りしておく。

生き残りは世界で学校の一クラス分

気がついたら、地球上にあと約四〇羽しかいなくなっていた。

「推定生息数、約四〇羽」

二〇〇〇年頃に環境省より出されたアカガシラカラスバトの推定個体数である。四〇といったら小学校の一クラス程度だ。地球上に一クラス分しか仲間がいない。それはもう、このまま滅んでいくのも仕方ないと思えるほどの少なさだ。

アカガシラカラスバトは国指定天然記念物であり、環境省レッドリスト絶滅危惧ＩＡ類（ＣＲ）、つまり「ごく近い将来、野生での絶滅の危険性が極めて高いもの」である。さらに国内希少野生動植物種でもある。

「生息数は、小笠原全体で三十羽程度と見られている」と、二〇〇一年八月八日の読売新聞にも書かれた。

しかしその数値を聞かされても、小笠原住民の大半は驚かなかった。というか、この情報を知らなかった。アカガシラカラスバトという名前は聞いたことがあっても、そこまで少なくなっているとも思っていなかっただろう。それというのも数が少なすぎて島の人の目にアカガシラカラスバトが触れる機会が全くなかったから、情報も広まらず、みんな興味も無かったのだ。存在を知らなかったら危機感も持たないのは当然だろう。

何が原因でここまで減ってしまったのか。自分たちと滅びそうな鳥の間にどんな関係があるのか。小笠原の人々が考える機会もないまま、このまま、アカガシラカラスバトはひっそり姿を消すかと思われた。ところが、その流れを止めようとした人びとがいた。最初は数人、そしてやがて島中が巻き込まれ、今、幻の鳥は幻で無くなりつつある。なぜ、そんなことができたのだろう。

南一〇〇〇キロ、秘められた自然の島

小笠原は日本の中でも本州からの距離が格段に遠い島である。その距離、約一〇〇〇キロ。地図を見ると分かるように、日本ではなく北マリアナに所属すると言ってもおかしくないような（北マリアナの最北端の島と小笠原諸島との距離は約一三〇〇キロ）、北太平洋の真ん中に位置する南の島々である。三〇あまりの島のうち、一般人が住むことが可能なのは父島と母島のみ。それ以外では硫黄島に自衛隊が駐屯、南鳥島に気象庁と自衛隊が交替で駐在しているが、一般人は上陸すらできない。

この〝遠さ〟が小笠原の特長の一つだ。小笠原はほかのどこにもない自然を持っていることで知られているが、「どこの陸地からも遠く離れている」ことが、小笠原の特殊な自然を作り上げたのだ。

〝海洋島〟、それが小笠原のキーワード。ほかの大陸から遠く離れていて、かつ島が成立するまでに、ほかの大陸とつながったことがない島のことだ。

小笠原の島々は、プレートとプレートのぶつかり合いによってふき出たマグマでできた。

父島列島は約四千八百万年前、母島列島は四千四百万年前に成立したと考えられている。海上に顔を出し、島となったマグマは時間とともに冷えていくが、そのときには当然、草も木もないむき出しの岩状態である。そのあと長い時間をかけてさまざまなものがこの孤島にやってきて、やがて土ができ、植物が生え、徐々に鳥や昆虫がそこに暮らすようになる。

海洋島にたどり着くのは三つのWしかないといわれている。

Ｗｉｎｇ……羽を使って、自力で飛んで。

Ｗａｖｅ……波に運ばれて。

Ｗｉｎｄ……風に飛ばされて。

海鳥などは何百キロも飛ぶので、自分の意思で降りたって周辺の海域を住みかにしたのかもしれないが、ふしぎなのは陸産貝類、いわゆるカタツムリがとても多く小笠原にいることだ。潮水には弱そうだし、飛べないし、いったいどうやって？　と思うが、流木のウロや内部に入ったまま運ばれたり、海鳥の羽毛の中などに潜り込んでいるときに運ばれたり、風に飛ばされたり……ということのようだ。最近の研究では、カタツムリを食べた鳥が島に飛んできたときにしたフンの中に、消化されない生きたカタツムリがいて、定着したものもいたかも？　という仮説も出されている。

いずれにしても、海を越えられなかった生物は小笠原の生きもののラインナップの中に入れなかった。たとえばブナ科のカシやシイなどの種子はドングリで、割れて沈んでしまうので海水を長時間漂うことができない。奄美や沖縄など同緯度の島々がブナ科の木々に包まれているのを見ると、小笠原の山は一種独特に見えるのである。

今、小笠原にいる生物の先祖は、ものすごい奇跡や偶然を経て島に定着できたものたちだ。そういう面だけ見たら、エリート集団である。たどり着いて、繁殖できて、子孫も残せたものたち。しかし限られた仲間しか周囲にいないのだから（稀にまた新しい仲間が偶然やって来たにしても）、海に隔離された中で独自に進化していって、今にいたっている。

そもそも島にたどり着けた生物は限られるので、空いた空間に進出できるチャンスに恵まれた。そうして、もともとの場所では海岸にしかいなかった生物が山の頂上にも生息するような現象が起こった。

エリート集団たちによるこうした生きかたの変化の結果、島にたどり着けた生物から地球上で小笠原にしかいない「固有種」が多く誕生したのだ。小笠原の場合、植物では自生種の約五割が固有種、カタツムリに至っては九四パーセントが固有種となっている。

こうした海洋島の特徴は、大陸の近くにあって、過去に大陸と地続きになったことがある大陸島とは異なる。大陸島は地続きだった時代に大陸から生物が進出してくる機会があった。

小笠原の鳥類は、陸鳥に限ってはかつて一五の固有種・固有亜種がいたことが分かっているが、そのうち六種（ハシブトゴイ、オガサワラカラスバト、マミジロクイナ、ムコジマメグロ、オガサワラマシコ、オガサワラガビチョウ）はすでに絶滅してしまった。二〇〇〇年頃に小笠原で生き延びている固有種および固有亜種のうち五種は絶滅危惧種（環境省）となっていて、絶滅危惧ⅠA類（CR）＝「近い将来、野生での絶滅の危険性が極めて高い」にランクされているのがアカガシラカラスバトとシマハヤブサだった。ただしシマハヤブサは唯一の繁殖地が硫黄列島の北硫黄島（母島から約一六〇キロほど離れている）で、一九三〇年から生きている姿が見られておらず、絶滅した可能性もあるといわれている。二〇〇〇年の頃には、危険ランクが最も高いのはアカガシラカラスバトが筆頭だった。（注・二〇一七年時点ではこの状況は変わってきており、絶滅の危険性が高いのはオガサワラカワラヒワになりつつある）。

なかなかたどり着けない孤島に定着するという意味ではエリート集団だった生物たちが作る海洋島の生態系は、とても壊れやすい。天敵もほとんどいないし、大陸から生きものが渡ってきた大陸島と異なり、生存競争を戦い抜くこともそれほどはない。結果的にのんびりして闘争心が薄い生きものが多いともいえる。つまり逆をいえば生息地や餌が競合したり、襲って来たりする相手が侵入してきたときにあっという間にやられてしまう可能性が高いのだ。生物は、海洋島のこの島に三つのWでしか入ってこなかったが、人間が定着するようになると事情は一変する。人間が意図せずに、あるいは意図して持ち込んだもともとその場所にいなかった生物によって、小笠原の自然は危機にさらされるようになってしまったのだ。二〇〇五年。島に住んでいる人びとがそのことに正面から向き合わざるを得なくなった事件が起こった。

積み重なる鳥の死体発見

それは、カツオドリとオナガミズナギドリという海鳥に起こった事件だった。この海鳥たちはアカガシラカラスバトのような、絶滅寸前の鳥ではない。小笠原の住民たちにとってよく見かける〝おなじみさん〟だが、だからこそ、住民が受けた衝撃は大きかったのだ。

小笠原固有の鳥は一五種の繁殖が確認されている。この中の海鳥について生態調査を行っている研究者たちがいた。父島の住民でもあるNPO法人「小笠原自然文化研究所（通称アイボ、以下文中ではアイボとする）」の、堀越和夫、鈴木創、稲葉慎の三人である。二〇〇〇年に誕生したこのNPOは「野生動物の保護と研究、そしてその拠点としての博物館設立」を目指して三人が立ち上げたものだ。

父島から五〇キロ離れた母島は、小笠原で唯一、人が住んでいながら海鳥が営巣を行っている場所だった。堀越は、以前勤務していた「小笠原海洋センター」でのウミガメ調査で、母島の南端部でカツオドリやオナガミズナギドリが営巣しているのを知っていたのだが、二〇〇五年頃、その営巣地に彼らの姿が見られないという噂を聞き、仕事で母島に行った機会に様子を見てみようと考えた。

母島は住民約四五〇人。二〇・二一平方キロの南北に長い島だ。父島との間は定期船「ははじま丸」が約二時間で両島をつないでいる。

島の南端部に南崎《みなみざき》と呼ばれる岬がある。先端部の二キロほど手前で車で行かれる道路は終わっていて、最南部にある海岸までは遊歩道を歩いて行かなければならなかった。この遊歩道は適度なアップダウンが続く中、オガサワラビロウやタコノキなどの熱帯気分を盛り上げてくれる林の中に、ハハジマメグロやハシナガウグイスなど小笠原固有の鳥が飛び交い、観光客に大人気のトレッキングコースとなっている。またその風景はかつてＮＨＫ‐ＢＳの人気番組「野鳥百景」で放送されたこともあるほどだ。

特に南崎海岸手前にある小富士という小山から見る景色はトレッキングのクライマックスとして〝ごほうび〟にふさわしい絶景だ。一〇〇メートルもないようないただきの眼下には見事なエメラルドグリーンのグラデーションが広がっていて、白い砂浜（実際は近寄るとサンゴのがれきや石が多いのだが）に白い糸のレースをほどいたような波が打ち寄せる様子は、あまりに使い古されている表現だが「天国」としかいいようがないのだった。

営巣地はその天国から崖地を上りきったところにあった。二〇〇四年三月、「ははじま丸」から母島に降り立ったアイボの堀越と鈴木は南崎へ向かっていった。小笠原の三月は晴れれ

小富士から見下ろす南崎海岸。写真中央の土が露出した部分から先が海鳥の繁殖地（撮影：有川美紀子）

ば夏のように暑くなる。軽く汗をかきながら営巣地を目指した二人は、思いもかけない物体を目にして一瞬絶句するほどショックを受けた。それは、オナガミズナギドリの死体だったのだ。オナガミズナギドリは翼長九〇センチ余りの大型の海鳥である。それが、どう見ても自然な死ではなく、何者かに襲われて死んでいる。

やはり噂は本当だった。南崎で何かが起こっている。二人は原因を突き止めようと、このあと二週間おきに現場に入り調査することにした。

死体は比較的新しそうだったが、いつ死んだかは分からない。現場から帰るときには死体を持って帰り、その場には何も残さないようにした。

ところが二週間後再訪するとまた死体がある。また片付けていくが、次の二週間後、また死体がある。中には、かつて行った調査で足輪を装着したカツオドリの足だけが見つかったこともあった。足輪をつけたときは生きていた鳥と、こんな無残な形で再会するとは堀越も鈴木も想定外だっただろう。

四月に入っても五月に入っても二週間ごと再訪するたびに新しい死体がある。死体に残された傷跡から、猛禽類が襲ったのではないことは分かってきた。

「もしかして、誰かが新しい種類のペットを持ち込んで、それが野生化したのだろうか？フェレットとか、イタチとか……」

しかし五月に入り、足跡が見つかったことでほぼ、確信を得た。

「この肉球の形。やはり、ネコだ」

それでもまだ、二人とも信じきれていない部分もあった。ヒナならともかく、いくら空腹とはいえ、ネコの体より相当の大きさがある親鳥をネコが襲えるのだろうか？　しかし、足跡、死体に残された噛み跡と状況証拠しかないがネコと考えざるを得ない。

母島の人々に「南崎について最近何か変わったことがないか知らない？」と聞いて回ってみると、一人の住民が数年前のものだけど、と写真を持ってきた。

「きれいに重ねてあるから、人間がいたずらでやったのかなと思って、とりあえず写真を撮っておいたんだけど……」

と、差し出されたそれには、積み重なったオナガミズナギドリの死体が写されていたのである。つまり、気付かれないだけで数年前から南崎では異変が起こっていたのだ。

「一番焦ったのは、一週間ごとに新しい死体があったこと。つまり現在進行形で次々に海鳥が食われていたんです。五月半ばになる頃には、繁殖地にはカツオドリのペアがたった一組ともう一羽が残っているだけ、オナガミズナギドリは全ていなくなってしまっていました」

堀越と鈴木は「これは繁殖地消滅の危機だ」と感じた。なんらかの手を打たなければならない。

そもそも、海鳥たちは一生のほとんどは海の上で暮らしている生きものだ。だが、一生のうちの一割程度の時間は陸で過ごさなければならない。つがいとなって卵を生み、ひなを育てるという、生きものにとって最も重要な作業は陸でしかできないからだ。海鳥たちは海の上での暮らしに特化した姿かたちをしているので、陸ではそれが弱点となり、素早く動くことができない。おまけに卵が孵化したあとには無防備なヒナまでもが危険にさらされるのである。オナガミズナギドリもカツオドリも一年に一つしか卵を産まず、親となってから十年以上生きるので、親がやられてしまうことは即、数年後の激減につながってしまう。

島の中の小さなＮＰＯ

なぜアイボがこの問題を重く見て取り組むことになったのか、彼らが目指しているものを知れば分かる。アイボの正式名称はＮＰＯ法人小笠原自然文化研究所で、設立は二〇〇〇年。小笠原海洋センターでウミガメの調査研究をしていた堀越和夫と稲葉慎、そして小笠原支庁（東京都の出先機関）職員だった鈴木創の三人が、それぞれの職場を辞めて設立した。

設立の目的は「野生生物の保護と研究、そしてその拠点としての博物館設立」。小笠原は独特の自然や歴史が研究対象となり、毎年多くの研究者や学生が調査に訪れていたが、その成果はほとんど島に還元されていなかったので、その集積とデータベース化が一つ。そして、自然科学、人文など多岐にわたる研究者の横断的なネットワークづくりもまた目的の一つ。

当初イメージしていたのはガラパゴス（エクアドル）にあるダーウィン研究所だった。つまり、島の人びとが小笠原の自然を理解するための拠点を作りたいと考えていた。二〇〇一年には、季刊誌『i-BO』（アイボ）が創刊された。寄稿者は研究者だけではなく一般の住民や小笠原に関わっている外部の人にもおよび、記事の内容も多様である。調査で分かった生物情報もあれば、島の生活に欠かせない〝ギョサン〟（漁師が履くサンダル＝漁サン＝ギョサン。小笠原では大多数の人がこれを日常的に履いている）の産地を訪ねるルポや、小笠原で歌い継がれている古謡《こよう》のルーツを探ったりなど、団体の名の通り自然と文化についての博物誌になっていた。

堀越が代表理事を務め、スタート時は堀越家の庭にある荷物倉庫を改装し、三人分の机とパソコンと資料をぎゅうぎゅうに押し込んで事務所にしていた（稲葉は家庭の事情で二〇〇四年に小笠原を離れ、現在は東京からアイボの活動をサポートしている。入れ替わりに海の生物を研究している佐々木哲朗が加わった）。

アイボが誕生する以前にも、小笠原の住民で設立された自然に関するＮＰＯはあった。都立小笠原高校で生物を教えていた元教諭の安井隆弥が設立したＮＰＯ法人「小笠原野生生物研究会（通称：野生研）」がそれだ。植物を中心にした自然再生事業などを展開していた。そこにアイボが加わり、野生研が植物、アイボが動物を担当し連携しながら自然保護についての活動を行えるようになっていった。

野生研も同じだが、アイボのメンバーに共通しているのは軸足が「住民」であることだ。自然科学の視点や知見を元に、小笠原をどのような島にしていくのかを探っていく。狭い島の中では、人間社会の充実と自然を守ることが対立することもありうる。そのときに一方だけの立場に立たないでいられる組織があることは、島にとって貴重なことだった。

カツオドリをくわえたネコの決定的写真

南崎の話に戻ろう。

南崎は国立公園第一種特別地域であり、環境省の管轄下にある。また、国有林地で、土地の所有は林野庁である。小笠原には空路がないので、堀越は二十五時間半かけて東京と小笠原をつなぐ唯一の足である定期船「おがさわら丸」で上京し、管理者である環境省へ出向き、現状を説明した。

この頃、堀越も鈴木もノネコの捕獲などやるつもりはまったくなかった。

「自分たちは研究者なんだから、調査・研究をして情報発信はするが、ノネコを捕獲するような仕事は管理者や捕獲のプロがやるものだと思ってましたから、自分たちがやろうとは全く考えてなかったんです」

ところが環境省の担当官は「それは問題だ、では許可を出すからそちらで捕獲してもらっていいですよ」と言い、動こうとしない。村、東京都、林野庁など関係する機関にも出向いて説明したが、反応は組織によってまちまちだった。

「イタチかなんかじゃないですか」

と、ネコと認めたがらないところもあった。よしそれなら決定的な証拠を掴むしかない。堀越、鈴木は、父島の留守番を佐々木に任せ、自動撮影機を何台も抱えて南崎を訪れた。そして足跡や鳥の死体が見られた場所に重点的に取り付けていった。

そして、それが決め手となったのである。自動撮影機を仕掛けて五日ほど経った二〇〇五年六月二十一日、一つのカメラが決定的な瞬間を映し出していた。

丸顔のトラネコが、カメラ目線のキメ顔で振り返り、自分の体の倍以上ありそうなカツオドリをくわえていたのである。

自動撮影機により、南崎の海鳥を襲っているのがノネコだと証明された決定的な写真（提供：小笠原自然文化研究所）

「証拠だ、決定的証拠が撮れた!!」

堀越や鈴木が「ネコがあんなに大きな海鳥を襲うだろうか」と感じた疑念も、関係機関から「イタチかも」と言われたことも全部すっ飛んだ。これほどの証拠はない。

ところが、写真を見て驚愕はするものの、どの組織も「じゃあうちが捕獲をやりましょう！」とは言い出さない。山にいるネコを捕獲するノウハウなどどこも持っていなかったし、当時はノネコを捕獲するための仕組みがなかった。

現場を見ているのはアイボだけである。積み重なる死体も、あと一組しか残っていないカツオドリの姿を見ているのもアイボだけである。彼らは覚悟を決めた。

「うちでやるしかない」

写真が人々を動かし始めた

ところが、そうアイボが決心し、動き出すと同時に一人、また一人、「やりましょう」と、時には組織内の承諾より先に、個人的に「責任を取りますから」と立ち上がる行政の職員が現れたのだ。特に、ありがたかったのは母島にある村の連絡事務所（母島支所）が「やりましょう」といってくれたことだ。

堀越は上京し、トラネコの写真を環境省の中山隆治に見せながら捕獲についての相談を進めた。もともと捕獲するしかないと考えていた中山との交渉に手応えを得た堀越は「おがさわら丸」の出港を心待ちにして島に戻り、関係組織を周り、緊急的な捕獲についての必要性を説いていた鈴木と合流した。

島の行政職員たちはその立場からGOといっただけではなかった。捕獲カゴを仕掛けるということは、朝と夕方に捕獲カゴにネコが入ったかどうかチェックしに南崎までいかなくてはならない。捕獲カゴはネコが中に入ると重みで蓋が閉まる構造だったので、中に入らせるために餌を取り付けなくてはならない。シフトを組んで交代で見回りをする必要があったのだが、捕獲カゴの設置を手伝ってくれた住民だけではなく、村役場の職員までもこのシフトに入ったのである。父島から仕事で母島に出張する際、書類に記入する目的地にあえて「南崎」と書いて、見回りをかって出てくれる人びともいた。もちろん、業務時間外も含めてである。

さらに、この件について動物愛護団体やその他外部からの問い合わせがあった場合は、本州では環境省が、島では小笠原支庁（東京都）と林野庁国有林課が対応するという役割分担も決まった。これによってアイボは捕獲に集中できたのである。

あの生き残りを見捨てたら「母島が壊れてしまう」

捕獲に向けて動き出したアイボでは、関係省庁や行政との調整を主に堀越が担当し、鈴木は母島に出向いた。住民たちに「今、南崎で何が起こっているか」を知ってもらうためだ。南崎は母島住民なら誰でも知っている場所ではあるが、集落からは車で十五分以上かかるし、毎日遊びに行くほど気軽に足を伸ばせるような場所でもない。営巣地で何が起こっているか、住民は知らない可能性が高い。

重要なのは事実を知って、母島の人たちが「南崎を守りたい」と思うかどうかなのだ。鈴木は旧知の住民に頼み、南崎のことで話し合いをしたいから、みんなに呼びかけて欲しいと頼んだ。そして「ははじま丸」で母島に向かいながら、この二カ月間自分たちが見たものをどう伝えるかを考え続けていた。

二〇〇五年六月の話し合いは議論百出となった。

南崎での異変の兆候から、アイボが行ってきた調査、鳥の死体、数年前に撮影されていた積み重なった鳥の死体の写真、そしてあのカツオドリをくわえた衝撃的なトラネコの写真。営巣地としての南崎の大切さや、一九九九年ぐらいまでは夏に親とヒナが佇んでいる写真が普通に撮られていたことも全部伝えた。それが本当に起こっていることだと実感してもらうために、南崎で採集した海鳥の死体も持っていって見せた。そのかいあって、南崎でとんでもないことが起こっていることはしっかり伝わったようだった。

しかし、話が次に及ぶといろんな意見が出て話し合いは進まなくなってしまった。後に細かく記すが、アイボではすでに捕獲したノネコの安全な行き先まで道筋をつけていた。それは、ノネコを島外に搬出し、信頼できる機関に委ねるというものだった。しかしその提案は議論を呼んだ。

「そんな都合のいい話があるなんて信じられない」

「一匹捕まえてどうなる。すぐ次のが来るだろうし、ずーっと捕まえ続けるのか」

「自分の島の問題なのに、外の人たちに始末を押し付けていいのか」

「なんとかしなければならないのは分かるけれど、南崎でネコを捕獲するにはまだ条件が整っていなさすぎるんじゃないの？」

数時間たっても意見は堂々巡りのままだった。南崎をなんとかしなければならないのはその通り、しかしノネコを捕まえて島の外へ運び出す？　それはちょっと……と繰り返される議論を見て、鈴木はその日に結論を出すことをあきらめて
「すみません、もう一度考えてから出直します」

と口にしてしまった。

ところがその言葉を言い終えると同時に、

「ちょっと待ってくれ」

という声があがった。それは、母島の自然が好きで移住してきた忠地《ただち》良夫だった。

「……今、あそこには巣を作ってるカツオドリのペアがいる……。それが、明日にも、ひょっとしたら今日にも襲われてしまうかもしれないのに、このままにしてしまったら……」

少し間を置いて、忠地はいった。

「俺の中の、母島は壊れてしまう……」

繰り返し襲われ続けている中で、たった一組残ったカツオドリ。知ってしまった以上、見

捨てることはできないと、それは絞り出すような声だった。

思いもかけない言葉に、紛糾していた会議は静まり返った。その言葉の意味を、それぞれが受け止めかねているような沈黙が続いたあと、突然、空気を変えるような明るさで

「やってみたらどうかしら⁉」

という声がした。母島観光協会の事務局（当時）の坂入祐子だった。

坂入は、父島から毎日は通いきれないアイボに替わり、自動撮影機のフィルムを回収しにいった人物で、自他ともに認める鳥好き、自然好きだ。

「今までいろいろやってもだめだったんだし、せっかく新しい提案が出たんだから、やってみてもいいと思うよ」

なんとなく、煮詰まったムードに意外なところからボールが投げられたような感じだった。そこで拳を突き上げて「おー！」と叫ぶような盛り上がりはないにしても、とりあえずやってみようか、そんな方向で話し合いは終わったのである。

とりあえず、捕獲はできる。鈴木はホッとしつつも、明日、捕獲カゴを一人でどうやって仕掛けるのだろうと、作業の段取りを思って少し気が重くなった。

しかし翌日。

「とにかく捕獲カゴだけは持ってきたけど、金属製で一つ四・五キロぐらいの重さがあるのを十個。車で入れない遊歩道を約二キロメートル、どうやって運ぶか考えてもいなかったんです。どうやって一人で運ぼうかと少々重い気持ちで出発しようとしていると、驚いたことに話し合いに出ていたほぼ全員が集まっていたんです。おまけに、ボートを持っている忠地さんのお兄さんが『海から運んだほうが早いぞ』と言いながら船を回してくれたんです」

昨日の静けさから一転、やっぱり母島の人たちは南崎から海鳥がいなくなってほしくないと思っていたのだ。鈴木は言った。

「めちゃくちゃ励まされました」。

「あの写真がすべてを変えたんです」

堀越は言う。通常なら縦割りで動く組織が横串で連携し、母島住民も自分の島に昔からある光景を守りたくて立ち上がった。しかし、一番変わったのはアイボだったのかもしれない。

調査や研究が自分たちの仕事と思っていた彼らだったが、自分たちが守りたいもののためには自らが保全活動の主体とならざるをえないことをこのとき理解したのだ。

トラネコ、捕まる

どのくらいの日数でノネコが捕獲できるのか全く分からないままのスタートだったが、捕獲カゴを仕掛けてわずか三日目。拍子抜けするほどあっさりと、結果は出た。その日は鈴木と忠地が見回りに行く番だった。湿気を含んだ空気の中、急ぎ足で南崎へと向かう。

「捕獲カゴのところに近づくと『あっ、何かが入っている』とすぐ分かりました。人の気配に気がついて、捕獲カゴの中にいる生きものがアタックしたりうなったりし始めたからです」

鈴木と忠地があわてて駆け寄ると、危機を察知したのか、中にいた生きものが渾身の力で捕獲カゴから出ようとしたため、なんと四キロ以上ある捕獲カゴが一メートルもジャンプした。

「シャアアアアアア！　ブチッ、シャアアアア！　ギャアアアアア！」

あまりの荒れ狂いっぷりに手のつけようがない。鈴木がのぞき込むと、それはまさにあのカメラに写ったトラネコだった。

「もう最大級にわめくし、動くし、捕獲カゴのすき間から手を出して鋭いツメで引っ掻こうとするし、細かい観察なんかできない状態でした。鼻の周辺が真っ赤になってたのは覚えています」

当時使っていた捕獲カゴは、ネコが中に入り踏み板を踏むと、床の一部が持ち上がり、斜めになって蓋となる仕組みだった。このネコは外に出ようと暴れ、斜め状の蓋に何度もアタックしたらしく、そのため鼻とその上の部分がすりむけていたのだ。

とにかくこのトラネコを連れて帰らなければならない。引っかかれないように用心しながら捕獲カゴをブルーシートでくるむと、暗くなったためかいくぶんかネコも落ち着いてきた。そのまま背負子《しょいこ》にしばりつけ、上背がある鈴木が背負って山道を歩いて行った。ネコは翌日母島から父島に移送され、アイボの事務所がある堀越の自宅の庭にいったん運び込まれた。捕獲カゴから出そうにも手を出しただけで荒れ狂うので、入れたままである。当時は、荒れ狂ったネコをケージに移そうにも、どうやればいいのかノウハウがなかった。鈴木が割り箸でエサをつまんで与えようとすると、「ウガガガガ！」とでもいうような勢いで割り箸までかみ砕きそうになるのだった。

このネコはその色と模様から当時大人気だった漫画にあやかって〝マイケル〟と名付けられた。捕獲はその後も数日続けられ、一週間の間にマイケル以外に三匹が捕獲されたのである。

「意外に早く捕まったと思いましたが、逆に言えばあれだけ海鳥を食べていても、ネコたちは常に空腹状態だったんでしょう。見たこともない捕獲カゴに注意を払う余裕も無く、ただただ、中にあるおいしそうなものを食べたい一心だったのかもしれません」

鈴木はそう言った。それを裏付けるように、マイケルは自分より巨大なカツオドリをくわえて歩いていたくせに、わずか三キロ程度しかなかったそうだ。

ネコの行方を決めた決定的な一言

四匹が捕まったあと、ネコの姿はぱったり南崎から消えた。ここでいったん、緊急的に始まった捕獲は終わったが、これで終わりではなく、野生化したネコ＝ノネコと野生生物との関係に取り組む舞台の幕が上がった感触を、関係者は予感していた。この一件より数年前、すでにアカガシラカラスバトもネコに襲われているのではないか？　と思われることが父島でも起こっていたのだ。

実はアイボでは父島山中でのアカガシラカラスバトの調査中にノネコがカラスハトを襲おうとしているシーンを目撃し、南崎の事件より先にノネコの捕獲を行ったことがあったのだ。そのときには村の方針に従って、去勢手術を行ったあとに別の場所に放すいわゆる「TNR（Trap＝捕獲／Neuter＝去勢手術／Return＝元の場所にもどす）の形を取ったのだが、この時点ですでに「今後、山の中のノネコを本格的に捕獲する日が来るだろう」と予感していたアイボは、ある一つのことを考えていた。それはニュージーランドなど外来種対策の先進国で行われている殺処分である。

今後、小笠原全体で猫の捕獲を開始するとしたら、アニマルシェルターを作ってもとても追いつかないだろう。今、危険にさらされているものを守るために取るべき手段はこれしかないのかもしれない。せめてネコに苦痛がない方法を取りたいと、あるところへ電話を掛けた。相手は公益社団法人東京都獣医師会の当時副会長だった獣医師、小松泰史である。


「ネコを安楽死させる方法を教えてくれませんか」

いきなり切り出されて、小松獣医師は反射的に仰天したが、鈴木が電話口で一生懸命話している内容を聞くうちに言っている意味がわかってきた。ネコか、鳥か。しかし、小松獣医師の立場では、言えることは一つだった。

「鈴木さん、島の事情は分かります。でも、小笠原の生きものたちが大切でも、僕にとってはネコも同じ命ですから、それは無理です。安楽死はできません」

それを聞いて鈴木は「それはそうだよな」と「……分かりました。お忙しいところ……」と電話を切りかけたが、それを遮るように小松の声が追いかけてきた。

「だから、東京にネコを送ってくださいよ。私たちのところへ」

「えっ?」

「小笠原では、貴重な鳥や生きものを守りたい。でも私たちはネコも守りたい。だってかわいいですしね。しかも、小笠原にはもともとネコがいなかったんだとすると、いま問題になっているネコは人間の元から脱走したか、捨てられたか、いずれにしても人間がそのおもとに関わっているわけでしょう? だったら人間の責任じゃないですか。

とにかく、捕まえたら送ってください。小笠原の生きものは小笠原でしか生きられないけれど、ネコは人が関わればどこでも生きていけます。大丈夫、里親がすぐに見つからなくても獣医師会には六〇〇以上の動物病院が加盟していて、どこの病院でも一匹や二匹、飼い主に置き去りにされたりして、引き取らざるを得ないネコがいるもんなんです」

まさかの提案に、あっけにとられたのは鈴木の方だった。

「本当にそんなことが可能なんですか」

実はこのとき、小松獣医師には確固たる自信があったわけではなかったそうだ。

「野生化したネコが本当に人間に馴れるのかどうか、やってみなければ分からないと思っていました。でもやるしかないでしょう？　だって、断ったらネコの命はないんですから」

鈴木は感謝するより驚きの方が大きかった。

「まさかそんな提案が来るなんて思いもよらなかった。正直言って、あのときの自分たちはネコを守るという発想はなくて、とにかく、鳥のためになんとかしなければということしかなかったから、あっけにとられたというのが正直なところです」

さらに続けて小松獣医師はこういったのである。

「ネコも、鳥も守りましょう」。

まずは自分のところで引き受けますよ。小松獣医師はそういった。

「一人の獣医師として自分ができることをやります」、と。

個々ができることを最大限にやる重要さ。このときの小松獣医師の言葉は鈴木の胸に大きなボールとなって飛び込んで、それをしっかり受け止めた。それは、このあと十年に渡り続く取り組みの、要所要所でくりかえし思い返すことになる言葉だった。

こうしたやり取りはすでに南崎の捕獲以前にすでに行われていたのである。だから母島住民にも説明できたのだ。

こうして捕獲された四匹は母島から父島へ渡り、二十五時間半の船旅を経て小松獣医師の経営する「新ゆりがおか動物病院」へ運ばれた。


そして、ある日のこと。堀越、鈴木、佐々木は小松獣医師から送られてきた写真を見て思わず「おおっ！」と声を上げた。そこには、きょとんと愛らしい顔をした一匹のネコが、人の足元にすり寄っている様子が写っていたのである。その行動は、飼いネコが飼い主に甘えるときにするものだ。そう、それはあのマイケルの姿だったのだ。その表情は、まんまるな目に、ぷっくりした〝ひげぶくろ〟がまるで笑っているみたいに見える、そこら辺にいくらでもいるような飼いネコの顔そのものだったのだ。かつての猛獣のような形相は全く消え去っていた。野生で生まれて育ったネコでもネコはネコ。小松獣医師が言ったとおり「ネコは人間がいれば生きられる」動物なのである。ともかく、あの凶暴の極みとも言えるマイケルがここまで人に慣れると分かった以上、馴化《じゅんか》はうまくいくという実例ができた。マイケルが南崎で捕獲されてからわずか二カ月後のことだった。

住民自ら「守る」ために作った柵

一年後の二〇〇六年四月。南崎の崖の上に、二〇人あまりの人々が集まっていた。

「渡すぞ、それっ」

「ほいっ受け取ったよ」

南崎の営巣地は小さな半島の先端部分にあるのだが、半島の付け根に当たる場所は西側が赤土の露出した急傾斜になっていて、海岸まで続いている。一年前は同じこの場所に船をつけ、ノネコを捕獲するための捕獲カゴを運んだ。そしていまは、ネットや単管パイプ、工事のための道具などを運んでいる。この赤土が露出した部分はちょうど営巣地がある半島の首の付け根部分に当たる。そこに柵を設置して営巣地を隔離してしまい、ノネコの侵入を防ごうとしているのである。

捕獲された時の面影はなく、どこにでもいる人懐こいネコに変貌したマイケル（提供：小松泰史）

このアイディアは、外来種対策最先端地であるニュージーランド行われていたもので、守りたいものと近づけたくないものを物理的に遮断してしまう手段だ。アイボでは二〇〇六年の海鳥の繁殖期が来る前に、今もチラチラとノネコの姿が見え隠れする営巣地を守るために柵を設置しようと考えていた。

「このときは、もう誰かがやるだろうとは思わず、最初から自分たちで作るつもりでした」と堀越は当時を思い返す。

小笠原では二〇〇六年五月に島の自然保護を進める上で、ノネコの捕獲や集落の飼いネコ問題に取り組まざるをえないとして「小笠原ネコに関する連絡会議」（以下ネコ連）を立ち上げていた。参加している組織は環境省、林野庁国有林課、東京都小笠原支庁、小笠原村、小笠原村教育委員会、そしてアイボである。この連絡会に「南崎にノネコ対策のための柵を作りたい」と話し実行に移した。

それよりも重要と考えていたのは母島住民の同意である。何度も母島へ出向いて話し合いの場を持った。なぜ、柵を作らなければならないか、海鳥たちが今どんな状況にあるか。母島のコミュニティの基盤とも言える青年会や壮年会、婦人会、ふるさと検討会などにも足を運び、必要性を訴えた。またも議論は百出したが、捕獲のときとは感触が異なっていた。

美しい自然の風景そのままの南崎にフェンスができることでいささか景観が悪くなるのではという懸念もあったのだが、それ以上に、

「何もしなければ、南崎の風景が消えてしまう」

「それはやっぱりいやだ」

と、母島の人々がじわじわと思い始めたからである。そして地域に根ざした団体が賛同し始め、まず、現地を見るために南崎を訪れ、その上で柵づくりのための寄付金を出してくれたのである。

柵を作るときには丸三日間、まったくのボランティアで作業を担当した。そのボランティアも、母島の人たちが二〇人以上参加してくれたのだ。

このとき、失われつつある南崎を取り戻そうという試みは、母島の地域社会の中で「みん

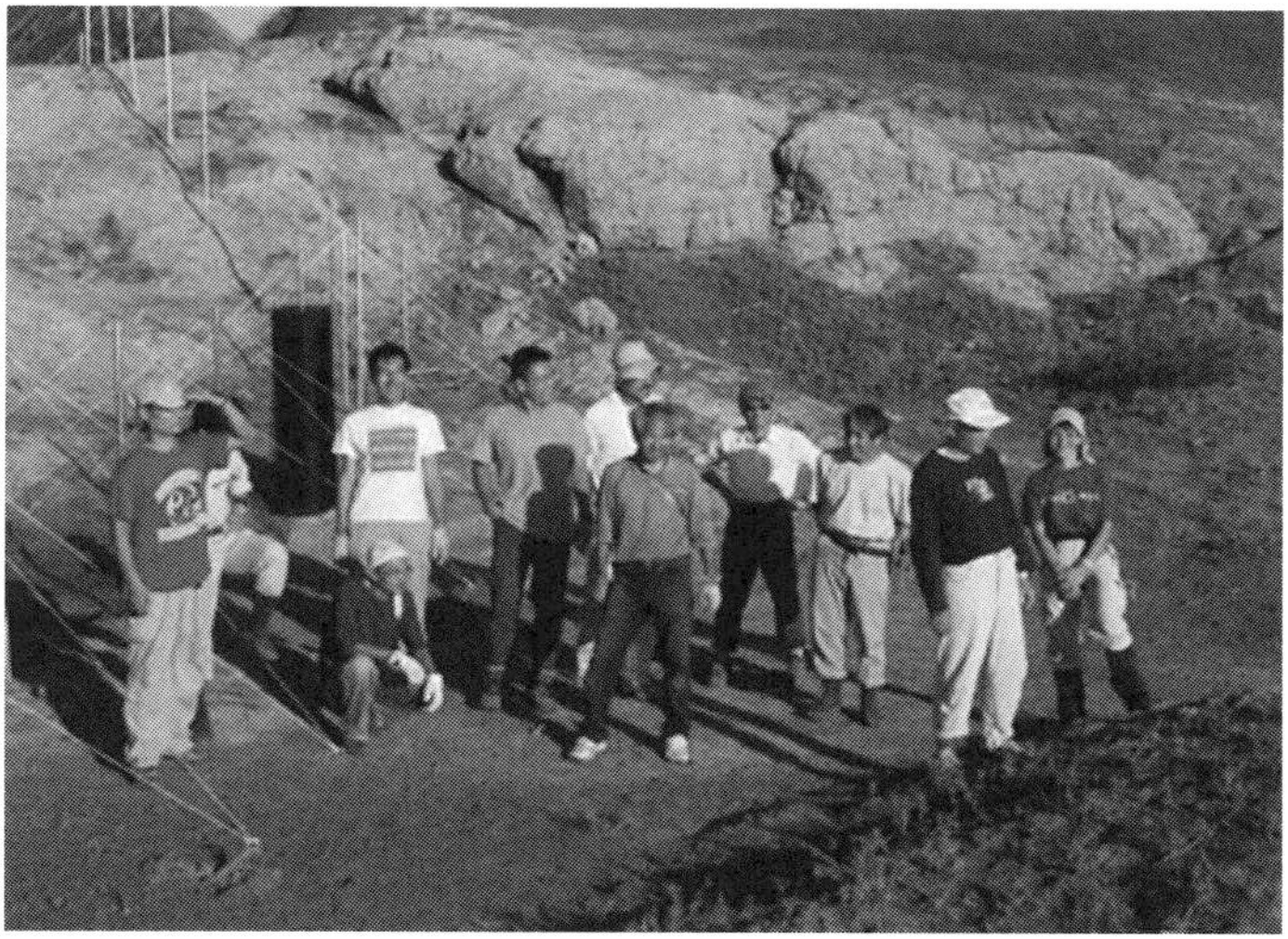

完成した柵の前での記念写真（提供：小笠原自然文化研究所）

なの課題」に昇格したのである。そうなると、地域社会の結びつきが強い母島の動きは早かった。

柵は全長一〇〇メートル、高さ一・八メートルで、ネコが越えられないよう上に返しがついている形状だ。どのように設置するか、堀越が一応描いてきた設計図は、現場で
「この角度じゃダメだ」

「こういう工法のほうがスムーズじゃないか？」

と、どんどん母島の人たちによって変えられていった。足りないものがあると、すぐに誰かが調達してくる。三日間、炎天下の中ひたすら汗と土にまみれてへとへとになって作業した。最後に、「記念写真を撮ろう」と誰かが言

い出した。そのときに撮った写真に写っている顔は、全員達成感丸出しの笑顔である。そして、驚きなのは普段、島の中で交流のない人同士も同じ笑顔で収まっていることだった。

「俺たちの柵ができたな！」

いつのまにか、柵は母島の人たちみんなの柵になった。

この柵は二年後に環境省によってもっと強固で立派な柵に改修されるのだが、それまでの間、台風が来るとその後に柵が壊れなかったどうか、必ず誰かが見に行った。

実際四回ほど倒れたり壊れたりしたが、その都度母島の人たちは集まって補修にあたり、むしろこの頃はアイボのほうが引っ張られるほどになっていたのである。

「蛇口を締めてください」

この頃もう一つ、母島住民の心に強く印象づけられた出来事があった。二〇〇六年七月十五日のことだ。マイケルはじめ母島の四匹のノネコを引き受けてくれた東京都獣医師会の獣医師や、沖縄や対馬などでネコと希少生物の共生を目指し活動しているNPO法人「どうぶつたちの病院」に所属している獣医師たちを招き、島のネコと小笠原の生きものと人の暮らしについて考える集会（島のネコ・生き物・そして人の暮らしを考える懇談会＝略称　島ネコこん）が開催されたのだ。

そのときに母島の住民が見たものは、母島で捕獲されて内地（小笠原の人々が本州部を指していう言葉）で人間に抱かれたり、穏やかに微笑んでいたりして暮らしているネコたちの写真だった。

「おおー！」

会場からため息のような、驚きのような声が上がった。

「本当に、小笠原の野山で暴れてたノラネコどもを引き取ってくれる人たちがいるんだ」

百聞は一見にしかず。ネコたちが聞いていた通り飼いネコとなっていたことは、母島住民に驚きを与えた。

この「島ネコこん」では東京都獣医師会の会長・手塚泰文（当時）からこんな話があった。

「私たち獣医師が小笠原に対してできることは何か？　できることは協力していきます（捕獲したネコは東京都獣医師会として引き取ります）。小笠原の自然についてみなさんが『守りたい』と思っていることはよく伝わってきました。だけど、島の皆さんも努力してください。それは、『蛇口を締める』ことです。大変でしょうががんばってください。これだけは必ずやって欲しい。何度も言います。島の方々が自ら考えて行動して欲しい」

蛇口を締める……。それは、ネコを適正に飼うということ。

いくら山で捕獲を続けても、住民たちが飼っているネコが野山へでてしまえば供給源は絶たれないことになる。村で飼いネコ登録を行い、避妊・去勢手術、そして室内飼いの徹底。脱走したときに捕獲カゴに入ってしまったら、飼い主が分かるようにマイクロチップを挿入すること……。

それを受けるように、会場からは声が上がった。

「マイケルがあんな普通のペットのようになっているのには驚きました。悪いのはネコではなく人だったんですね。私たち飼い主も一人ひとりができることを考えていかなければ」

自分たちの手で自分の島の自然を守る。一歩進んだのはまず母島からだった。

小笠原という島の数奇な歴史

実は小笠原はネコの対策という意味では日本の離島で一番早く取り組みを始めた島だ。一九九六年、自然保護と衛生面の向上のため「小笠原飼いネコ適正飼養条例」を制定し、飼いネコを村に届け出て登録することなどを定めている。この条例に基づいて衛生面と希少な陸鳥を襲うことを防ぐため、集落内でネコを捕獲し、避妊去勢手術をしてまた元の場所に戻すといういわゆるＴＮＲ（Ｔｒａｐ＝捕獲／Ｎｅｕｔｅｒ＝去勢手術／Ｒｅｔｕｒｎ＝元の場所に戻す）が行われていた。

しかし、時にはネコが家から外に出かけたまま帰らなかったり、島から引っ越す住民が飼いネコを置き去りにしたりといったことも起こっており、それがマイケルたちのような野生化したノネコとなって島の山で生息するようになっていた。

ネコは自力では大海に隔てられた小笠原にたどり着くことはできない。では、いったいどのような経緯でいつ頃から住み着き始めたのだろうか。おそらくは、人間が移住した際に一緒に連れられてきたものと思われる。

一八三九年（天保十年）、現在の陸前高田市小友町の弁財船・中吉丸が遭難し、父島にたどり着いたことがある。二カ月間の滞在の後、再び東北に戻ってきたこの船の船頭が幕府により取り調べを受けた記録が残っているが（南部叢書第一〇巻『小友船漂流記』）、島での様子を聞かれて船頭は「犬は家々に五六疋《ひき》つゝ畜《やしな》ひ置く、形は聊違《いささかたがえ》り、猫も同し」と答えている。一八三九年は小笠原に初めての移住者がやってきてから九年しか経っていないので、ここに書かれているイヌやネコはおそらくは移住者が連れてきたものと思われる。

陸前高田の船が漂着したとき、島に住んでいたのは日本人ではなかった。小笠原の最初の定住者は外国人だったのである。

小笠原はどこの大陸からも遠いため、一八三〇年まで小笠原は無人島だった。やってきた最初の定住者は欧米系の人びと（アメリカ、イギリス、イタリア、デンマーク、ハワイの人びとの計二〇名ほど）だ。一八三〇年といえば日本は幕末。鎖国中である。日本政府は遠い南の果てに無人島があるのは知ってはいたが、開拓民を送り込んだりはしておらず、領土ともしていなかった

欧米諸国の船はこの島の存在を知っていた。当時は鯨油を取るために捕鯨船が北大西洋から北太平洋へ進出してきた時代。捕鯨船の間では、水と食べ物を調達できる小笠原は貴重な場所だったのである。そこでハワイのイギリス領事官は入植者を募り、送り込んだ。いわば領地化への「お手つき」の意味もあっただろう。この入植者たちが先に記した欧米系とハワイの人々の二〇名だったのである。

ここから小笠原の歴史が始まったとすると、二〇一八年の現在までたった百八十八年の歴史しかない。ちなみに同じ東京都に属す伊豆諸島の八丈島を見てみると、ずっと定住者がいたわけではないようだが、六千五百年前にはすでに人が住み、遺跡が残されている。

小笠原の歴史のもう一つのポイントは、百八十八年の歴史の間に二十三年もの空白期間があることだ。

ハワイからの入植者が定住した四十六年後、領有権を主張した日本の主張が認められて一八七六（明治九年）年に国際的に日本の領土と認められた小笠原だが、第二次世界大戦敗戦後、アメリカの統治下に置かれることになった。その期間が二十三年間。しかも住民不在のままである。

同様に敗戦後アメリカに統治されていた沖縄や奄美は住民が暮らす中での統治下だったが、小笠原は戦況悪化の中、次々陥落していった南洋の島々に近いため一九四四年に日本軍により全住民が本土へ強制疎開させられている。そしてそのまま敗戦を迎え、米軍統治下に置かれることになったため、疎開した住民は島に帰ることができなくなったのだ（ただし、欧米系の子孫とその家族のみ、一九四六年に帰島が許されている）。日本人の帰島が可能になったのは、一九六八年に米国から返還されてからだった。かつては弟島や北硫黄島、硫黄島にも住民が暮らしていたが、返還後、一般人が暮らしているのは父島と母島だけである。

「歴史が浅い」「歴史に空白がある」、この二点は小笠原住民の自然観に大きな影響を与えていると思う。ほかの島や村のような、限られた自然をずっと利用し続けるための知恵や工夫（植物でも何でも全部は収穫しないとか、土地に対しての入会権を持つとか）がほぼ、ないのだ。もしかしたら、そういう能力に長けている賢人がいたかもしれない。しかしそれが地域全体に受け継がれてはいない。

米軍統治下時代には軍人とその家族、それから帰島を許された欧米系住民が父島で暮らしていたが、生活様式はアメリカンスタイルで、街並みや住居も洋風の作りになった。この当時の風習や文化は今もわずかに残っているが、返還後は日本の生活様式が持ち込まれ、再度、島の様相は変化していったのである。

強制疎開で島を出た元住民にとって、二十三年の時間は余りに長く、島に戻った住民は多くはなかった。むしろ、未知の南海の島に魅力を感じて新しく移住してきた人びとの方が目立ったくらいである。

そこで見ておくべきなのが、時代だ。一九六八年といえば高度成長期で、人が自然と会話しながら作業するような余裕も失われ、効率と経済成長が第一という空気が日本中に満ちていた時代だ。本土に疎開してそのまま生活していた元住民も、新しく移り住んだ移住者も、時代の空気をたっぷり吸っていたことは間違いない。

さらに、土地を持っていた元住民は別として、新しく移住してきた住民が生活しはじめたのは団地スタイルの都営住宅だ。新しい歴史のスタートはそもそも近代的感覚の中で始まったともいえるだろう。

そしてもう一つ。小笠原には宗教的な自然観も薄い。伊豆諸島各島は、昔から火山噴火や飢饉など災害が多かった。無力な人間は、自然の圧倒的な力に恐れと敬いを持っていて「災害を起こさないでください」という祈りを込めて鎮守様や氏神様のためにほこらを作り祀った。小笠原にはこうした日本の伝統的な宗教のシンボルはほとんどない。

自然を有効的に利用するためのしきたりや自然を敬う心は地域や家庭の中で受け継がれていくものだが、小笠原にはそのようなモデルがなかった。もちろん、自然を愛し、守りたいと思う人びとは多いが、その根本は土俗的なものではなくて、「自然とはごく身近な隣人であり、癒やしや楽しみ、喜びを与えてくれる対象だ」というような、都会的な自然観とでもいうべきものが根拠になっているように思う。

また重厚な歴史があってその土地に産土神が住んでいるような場所では、もれなく地縁血縁というしがらみがついてくる。それは今までの地域のしきたりを変えようとするとき大きな抵抗勢力になる。

しかし小笠原には地縁や血縁のしがらみがほとんどない。たとえば他の地域からものすごく良い提案がやってくると、驚くほどすぐに取り入れ、定着していくことが多い。しがらみがないから、良いと思った方向にためらいなくかじを切り、方向転換することができる。

「ここならば、自然と人間の共存のモデルが作れるのかもしれない」
小笠原を知るごとに、私はそんな期待を持った。実際、このあとに続く長い物語はそれを裏付けるようなものなのである。

紅白の登場

南崎で海鳥がノネコに食べつくされる前になんとかその危機を回避できたのとちょうど同じ頃、小笠原であと四〇羽とされていたアカガシラカラスバトにも同様の危険が迫っていた。しかし二〇〇〇年頃はアカガシラカラスバトの生態もよく調査されていない時代で、さらに数が少なすぎて目撃している人は調査を行う研究者やそのサポートをしている人、山の中で国有林の仕事をしている人などに限られていた上に、ノネコに食べられているシーンが目撃されているわけでもなく、証拠がなかった。

この頃、アカガシラカラスバトを調査しているのは森林総合研究所（現在の正式名称・国立研究開発法人森林研究・整備機構森林総合研究所）の高野肇だけだった。当時の調査では、・父島のアカガシラカラスバトはほとんどいなくなっている

・いるとしたら弟島ぐらい
・母島にはまだ多少はいるが数は全体で三〇~四〇羽ぐらい
・ほとんど飛ぶことはなく、ずっと歩いて移動して餌を取っている
と考えられていて、遠距離を飛ばないので父島と母島のグループは別々のものだと考えられていた。

まだアイボを設立する前、東京都の職員で小笠原支庁に勤めていた鈴木創は、直子(二人は夫婦である)とともに、たまに高野の行う母島の調査を手伝い、アカガシラカラスバトの姿を見てはいたが、父島ではシルエットさえみたことがなかった。

ところが、二〇〇二年六月のある日、唐突に一羽のアカガシラカラスバトが父島に現れたのである。しかも、島の住民が多く暮らす都営住宅のすぐ近くにである。

「なんか珍しい鳥がいるらしいぞ」

そんな噂を聞いて鈴木が目撃された場所へ急行すると、やはりアカガシラカラスバトである。

「幻の鳥が目の前にいる!!」

鈴木はこのチャンスを逃すまいと、ほとんど仕事はせずに、夜明けから日没までアカガシラカラスバトの一挙一動を見逃すまいとストーカーと化して影からじっと見守り続けた。直

子と仲間二人も集まって、どっちの方向に移動したとか何を食べているかとかひたすら目を凝らし続けた。

六月の小笠原といえば梅雨空が続き、晴れていても体にまとわりつく湿気で息苦しい日々が続く。流れる汗をものともせずに観察を続けている鈴木たちに容赦なく蚊が襲いかかるが、今まで母島の深い森の中でしか見られなかった幻が目の前すぐ近くで歩いているのだから、うっかり足を掻いたりして驚かせたらどこかへ行ってしまい、見失ってしまうかもしれない。猛烈なかゆみに耐えながらの観察が続く。

そんな調子で約二週間、ハトを見守り続けた。すると、のんびりと歩き回っているハトの背後に何回かうごめくものが見えたのである。それは、ロックオン姿勢を取っているネコではないか。

「このままじゃ、あいつ、やられてしまう」

アカガシラカラスバトは天然記念物である。管轄する文化庁や村、都、環境省などと相談の結果、集落から山へ移動させることにした。捕獲して山に放すのだが、この機会にと足輪を装着した。右足に赤、左足に白のリングをつけたので、ハトには「紅白」という名前をつけた。

鈴木は捕獲したハトを手袋をした手で包み「飛んで行け」と念じたが、そのハトは手からふいっと降りてそのままテコテコと歩きはじめてしまった。

「飛ばない!!」

その姿を愕然と見守りながら鈴木は念じるしかなかった。

「どうか、生き延びてくれよ。お願いだから生きていてくれ」

姿が見えなくなるまで見守り、そうだ、事務所にいかなきゃと、二週間ぶりに日中の事務所に出勤した鈴木を待っていたのは、

「この鉄砲玉！　仕事はどうなってんだよ!!」

と怒り狂っている堀越と稲葉だった。鈴木はただ謝るしかなかったが、この二週間を無駄にするまいと、てん末を「小笠原村父島奥村におけるアカガシラカラスバト緊急保護に関する概略報告」と題したレポートと、アカガシラカラスバトが現れたときに何が問題になるかなどを記した提言書を関係機関に配った。

ともかく鈴木が二週間仕事をほったらかしただけの価値はあったのである。紅白が教えてくれたことは実に貴重な意味があった。それが分かるのは、ずっとあとになってからだったが……。

アカガシラカラスバトは、飛ぶ鳥だった

ところが「どうか生き延びてくれ」と祈るような気持ちで見送った紅白と再会する日が来た。

アイボでは紅白出現の二年前から「動物園ゴリラ基金」という助成金を使って弟島《おとうとじま》にアカガシラカラスバトがいるかどうかラインセンサス調査を行っていた。ラインセンサス法とは、あらかじめ決められたコースに沿って目視や鳴き声を確認しながら歩き、野生生物の種類や数を調査する方法である。

とはいっても、実物に出あうことは非常に稀だった。紅白が出現した時にストーカーのごとく観察していたのもそんな経緯があったからだ。

一年目はていねいに観察しても一羽見るか、シルエットを見るか程度しか確認できなかった。そして運命の調査二年目、二〇〇二年の十月のこと。鈴木や堀越がそれぞれの持場で用心深く歩きながらアカガシラカラスバトの姿を探していると、別の班から無線が入った。

「アカガシラカラスバトがいます。しかも、足輪をつけています」

紅白は初めて姿を見せて以降、何度も姿を現した。写真は2008年に再度出現したとき。うしろのカゴはノネコを捕獲するためのもの（提供：小笠原自然文化研究所）

足輪をつけたハト――。

「足輪をつけたハトは、あいつしかいない」

鈴木の脳裏に、三カ月前に放鳥したときに飛ばず、ポトッと地面に降りて歩いて去っていった紅白の姿が浮かんだ。生きていた、しかも飛んでいた……。

父島と弟島の距離は約一〇キロ。飛ばないハトと思われていたアカガシラカラスバトは、海を超えて島から島へ渡っていたのだ。

この紅白はまるで、

「アカガシラカラスバトのこと、教えてあげる」

とでもいうように、今まで誰も知らなかった生態を次々と披露してみせたのである。弟島で目撃された一カ月後には再び父島に現れ、さらに翌年の七月には弟島よりさらに北にある聟島でも目撃された。父島との距離は六〇キロ以上である。アカガシラカラスバトは海を渡る鳥だったのだ。

この調査をきっかけに、アイボの生物調査のメニューにアカガシラカラスバトが加わっていった。それは、小笠原にしか生息していない鳥で、ほとんどの生態が未知であるため、謎を解き明かしていく面白さに引かれた部分もあった。

なにしろ、一つ新しい事実が分かればそれがまだ誰も解明していない新しい情報になるのである。使命感もあったが、新しい情報を得るのが面白く、一気にアカガシラカラスバトにのめり込んでいくのも無理はなかった。

少しずつ分かっていくアカガシラカラスバトの生態

その後、アイボは東京都のアカガシラカラスバト調査を手がけることになった。それは父島・中央山だ。中央山のすぐ東側の東平《ひがしだいら》には、二〇〇三年に林野庁により設定された「アカガシラカラスバトサンクチュアリー」がある。これはアカガシラカラスバトの生息環境に適した場所で、繁殖のシーズンには彼らが利用する重要な場所であるとされた保護のためのゾーンである。中央山はそこに隣り合わせた東京都の管理している場所なので、ここもアカガシラカラスバトが利用しているかを調査したのである。

この頃の調査は、ほとんど分かっていないアカガシラカラスバトについて、いわば大きく広げたシーツに転々とシミのように「今までに分かっていること」を描き込んでいくようなものであった。

当時はっきり分かっていたことは、生息個体数がかなり少ないということだけ。まず、どのくらい生息しているか個体数を調べ、繁殖しているとしたらそれはどんな環境か、そして何を食べているか。その三点を重点的に調べていった。姿を見つけたら足輪を付けた個体かどうか確認する。足輪は紅白の例外を除いては二〇〇三年以降からしかつけていないので数は少なかったが、つけていれば前のデータと比較してどんな移動をしているかが分かる。

当時は秋から冬、しかも森の中でしかアカガシラカラスバトの姿を見ることができないため、堀越、鈴木をはじめ、調査に協力してくれる父島の仲間は、アカガシラカラスバトが出現しそうな森の中で〝張り込み〟を続けた。亜熱帯の小笠原であっても、冬の山の中は冷える。じっとしているからなおさらだ。それぞれ、フリースにダウンを重ねるような重装備でひたすらハトの出現を待ち続けた。

芯まで体が冷える中、ときおり

「クルルッ　ウゥ〜〜〜」

という鳴き声が聞こえたり、枯れ葉を踏みしめて歩くアカガシラカラスバトの足音が聞こえたりする。どこへ向かうのか。どんな行動をするのか。凍えながらも大きな音を立てて彼らを驚かすことのないよう、静かに観察し記録を取る。そんな辛く、地味な調査の中から彼らが好んで食べる木の実や出現の確率が高い場所＝餌場、営巣に使う環境などが判明していった。

調査の方法もこのときにかなり確立されていった。

「ハトを探すときは飛んでるところを探すんじゃないんだよね。まず、山に登るんです」

と堀越。

「最初の頃は、以前に見かけた場所に座ってとにかく耳を澄ましてました。あいつら、ずっと歩いているから、地面に落ちた木の葉を踏むガサッガサッっていう音がするんです。ネズミやほかの鳥とも違う足音なんです。足音がしたらその方向を見ると、たいてい歩いているところが見つかるんですよ。

でもそれは『この辺に現れるだろう』という予測ができる場所でしか使えない。だったら、

堀越に言わせるとアコウザンショウの根はウツボに似ているという（撮影：有川美紀子）

絶対にヤツらが現れる場所をマークしようと考えて、まず山の高いところにのぼりました。なぜか？　ヤツらが好んで食べる木の実にアコウザンショウという木があるんですが、この木は実をつける頃に葉っぱが黄色くなるんです。山の上から森を見下ろして黄色を目印にアコウザンショウを探し、だいたいの位置を覚えておいてその木のところへ行き、ヤツらが来るかどうか見張っているんです」

とはいえ、山の上からはっきり見えても、行ってみたら傾斜がきつい場所だったり、藪が繁りすぎてなかなか近づけなかったりと苦労もあった。確かにこの辺だと当たりをつけて行った先でなかなか木が見つからないときは、今度は地面を見る。アコウザンショウは地面の上にウツボがのたうったような根っこを這わすので、それを目印に探すのである。

そんな苦労を重ねて「だいたいこのあたりにはこの木がある」という目安がつけられるようになった。中には今まで立ち寄りもしなかった森の中に毎年ものすごくたくさん実をつける「御神木」と呼びたくなるような木も見つかったそうだ。

もう一つの方法は鳴き声である。繁殖期でオスとメスがつがいの相手を探しているときは森から鳴き声が聞こえてくる。鳥とは思えないような「クルルッ　ウウゥ〜〜〜」というような、ちょっと哀愁を帯びた太い声だ。

声がしたらその方向を見て、横枝が張り出している木を探すのだという。鳴くときは木の横枝に止まるからだ。

調査のときは日暮れまで山の中で張り込みを続けることもあった。海洋島に適応して警戒心が薄いアカガシラカラスバトだったが、繁殖期はさすがに神経質だ。巣の中で何回えさを与えているのか。ヒナはどう過ごしているのか。夜はオスメスともに巣に帰るのか。こうしたことも全く分からなかった。観察を続け、情報を積み重ね、現場で培ったカンを加えて抱《ほう》卵《らん》の時期やヒナが孵《かえ》った時期を読んでいく。

この時期、人間の気配を感じたただけで営巣を放棄することもある。それだけは避けなければならない。もう一つ徹底したのは自分たちの調査によってノネコを呼び込むことがあってはならないという点だ。

生態調査のためヒナに足輪をつけることもあったが、このやり方については日本の鳥類研究の第一人者、樋口広芳氏の指導を仰いだ。成長過程で足輪をつけられる時期は非常に限られている。どのあたりに巣があるのかを読み、ヒナの成長状況をも読み、巣にアプローチしても十五分以内に見つからない場合はもうそこでストップした。

ヒナに足輪をつけたのは堀越と鈴木、直子と、長年鳥の調査を行っていた千葉勇人の四人だけ。鳥には親鳥が二羽とも留守にしてヒナだけが一人待っている種が結構いるが、アカガシラカラスバトもそのタイプだ。一人巣の中にいるまだ飛べも歩けもしないヒナをそうっと手のひらに移し足輪をつけるときは緊張で息が止まりそうなほどだった。

「今、手の上にあるこのヒナになにかあったら……」

あと四〇羽しかいない鳥一羽の重み。社会的責任。絶対に、自分たちが関わったことが彼らに影響を与えてはならない。それは計り知れないプレッシャーだった。足輪をつけ終わり、巣から離れると足がガクガクしてまともに歩けない程だったという。

アカガシラカラスバトの巣は、父島では二〇〇〇年から二〇〇九年の間、一三確認された巣のうち、一一が地上に営巣していて巣はトゲトゲの葉を持つツルダコの奥にあった。木の上の営巣も二例あって、この巣もまた、木に絡みついたツルダコの茂った中にあった。ヒナはある程度育つと歩き回るので、樹上の巣の場合は落ちてしまうこともあった。しかし親は巣に戻ってきたときにヒナが地面に落ちたのを確認すると、そのまま地面で子育てを継続したという。

卵は一回の産卵で一つだけ産む。オスとメスが交替で温め、親鳥たちは交互に巣を出て餌を探しに行く。そして一日中必死に歩き回り、とにかく食べ回る。食べたものは自分の栄養にするだけではなくヒナに与える食事の分も含まれていて、ある程度食べると親鳥は巣に

巣の中で一人親の帰りを待つヒナ。近づくときには最大限の注意を払う（提供：小笠原自然文化研究所）

帰り、ヒナに餌を食べさせる。その食べさせ方は独特だ。のどの奥にある素嚢《そのう》という器官に蓄積した餌を、素嚢の細胞をはがしたものと混ぜ、「ピジョンミルク」という流動食のようなものにして吐きもどして与えるのである。

オスとメスは時間を決めて「何時から何時はあなた」ときっちり交替するわけではない。双方とも餌探しをしている時間もあるのである。その間、まだ飛べも歩きもできないヒナは、一人で親の帰りを待つという無防備さでこの期間を過ごす。ただし夜になるとメスは巣の中に入り、ヒナに添い寝して夜を過ごすようだ。オスはどこかの木の上で寝ているらしい。

このようなシビアな調査の時ではないが、私もアイボに案内してもらい、アカガシラカラスバトを探しに森に行ったことがある。森の奥から聞こえてくるガサッガサッという思っていたより大きな足音の方を見ると、歩いては地面をつつき、また歩いては地面をつついているハトの姿があった。風が吹くと周囲の木がいっせいに葉を揺らして音を立て、その中にアコウザンショウの甘いスパイシーな香りが混ざっているのが感じられた。彼らの歩いているすぐ上を見上げると、やはりアコウザンショウの黄色い葉が日に透け、たくさんの実をつけているのが見えた。

東平の北にある初寝浦遊歩道はサンクチュアリと隣り合わせているため、遭遇率が高い。海岸へ続く遊歩道はずっと下り道だ。途中に沢のある場所があり、ハトたちも水を飲みに来るのか出くわすことが多かった。一休みするのにもちょうどいい場所であり、アコウザンショウと並んで彼らがよく食べるキンショクダモの木が頭上にあるため、しばらく座って沢の水音と風の音を楽しんでいると、階段になっている遊歩道の下からハトが現れた。私のほうが驚いてしまい、思わず固まって息を殺しじっとしていると、私がいる場所周辺で餌を探したいらしく、自分から階段をひょいひょいとのぼり、三段下までやってきた。もう、手が届きそうな近さである。さすがにそれ以上はのぼってこなかったが、名前の由来になったぶどう色の頭、そして鳥らしくない黒目がちのつぶらな瞳、首の周りの構造色をじっくりと眺めることができた。先方はそんな無遠慮な視線も意に介さず、大きな足音を立てながら歩き回り、地面に落ちている木の実を食べているのだった。

調査を重ね、毎年アカガシラカラスバトの繁殖期の様子を見ていると、アイボには彼らをとりまく状況や問題点が一つずつ見えてきた。彼らの生存を脅かす要因は何か？　それを洗い出すため生活誌の各段階で要素を絞り込んでいった。

・ペアになったかどうか？
・なったら、産卵し、それは有精卵かどうか？
・卵はちゃんと孵化するか？
・ヒナとなり巣立てるか
・巣立ったヒナは若鳥になるかどうか？

各段階をYES／NOでつぶしていき、どの段階がアカガシラカラスバトが減少する要因なのか、精査していく。

ノネコのほかにも考えられる要素はあった。たとえば、人間のもとで飼われていたものが野生化したノヤギは、群れをなして山を歩き回ることでアカガシラカラスバトの地上営巣を邪魔しているかもしれない。それからネズミ。小笠原の山にはクマネズミがいる。木の実をよく食べるので、アカガシラカラスバトの餌を奪っているのかもしれない。または卵やヒナを襲う事例が海外で報告されている。

一番深刻で、これが要因ならもうすべてのハトを捕獲して動物園での保護増殖をするしかないと思われたのは、数が減ったことによる遺伝的多様性の撹乱、つまり近親交配などにより、生まれてもちゃんと育たない場合だった。

しかしアカガシラカラスバトは繁殖はしている。卵も産んでいるし、ヒナにもなっていて、巣立ちもしている。不明点は巣立ってから成鳥になるまでの間で、足輪をつけたヒナが若鳥となって現れることもこの頃はなかった。若鳥が大人になるまでの間に何かが起こっている。そこに見え隠れするのはやはりノネコだった。

ハトとネコの危険な出会い

そんな中、事件が起こった。二〇〇四年二月のことである。鈴木が営巣をしているらしきアカガシラカラスバトの観察をしていると、調査員の一人から無線が入ったのだ。

「今、餌場で張ってたらハトが来たんだけど、すぐ後ろにネコがいて襲おうとしている！どうしようか、どうすればいい⁉」

焦りに焦っている声から、その場の状況が見えるようだった
「それはまずい、とにかく間に入ってネコを追い払ってください、俺もすぐそっちに行きます」

鈴木が調査員のところに駆けつけると、すでにネコは去ったあとだったが、よく周囲を見

ると、ハトがいた場所の上にあるツルダコの向こうに、まだこちらの様子を伺っているネコの姿が見えるではないか。

ネコとハトの遭遇はこれだけではなかった。山の中でネコと出会うことはよくあったし、ハトが出現する餌場の近くでも見かけることは多かった。このままこの問題を放置してはおけない。

母島・南崎でマイケルの一件が起きたのはこの翌年である。調査を行えば行うほど、山にノネコが多くいることが分かってきた。二〇〇三年から二〇〇六年までのデータでは、東平と中央山でノネコとハトのニアミスは一九件もあった。

「これはもう、なんとかしないとダメだ」

いよいよ、ノネコの捕獲を行う時が来たのだ。

関係する機関で幾度も話し合い、何通ものメールが行き交った末に、喫緊の課題としてサンクチュアリのある東平周辺での捕獲を始めようということになった。

山の奥深くまで捕獲カゴを仕掛けることはマンパワー的にも予算的にも難しいので、とりあえず車で行くことができる都道沿いに捕獲カゴを置くことにしたのだが、この捕獲は自主的なものなので予算があるわけではないし、専属職員がいるわけでもない。

「こうなったらやるしかないよなぁ」

「ハトがいて、ネコがいるって分かっちゃったんだから、やらなきゃ」

そういって立ち上がったのは島で暮らす公務員や住民だった。当初、夕方に捕獲カゴの中にネコをおびき寄せるための餌を仕掛け、明け方にネコが入っていないかをチェックしにいった人びとは全員ボランティアだった。一年目はネコ連に参加している公務員が、二年以降はダイビングサービスを経営している山田捷夫やネイチャーガイドの金子隆や島田克己、原田龍次郎、元役場の職員で小笠原の歴史に詳しい延島冬生たちも加わって、集落から車で二十分以上かかる東平まで通っていた。夜討ち朝駆け、まさにそんな状態でみんな眠い目をこすりながら、あるいは仕事が終わると同時に夕暮れの中を急ぎながら、東平へと車を走らせていった。誰に評価されるでもなく、報酬がもらえるわけでもない。少しずつ、父島でも「自分たちの島のことだからなんとかしなければ」「やるしかない」という気持ちが束ねられつつあったのである。


ネコはたびたび捕まった。関わっている人々は、

「島全体ではどのくらいのネコがいるのか……。それでも、いずれは捕獲に乗り出さなければならない」

という思いを強くするのだった。

アカガシラカラスバトのことを知ろう！

もし、本格的な捕獲に乗り出すのであれば、ボランティアベースではできない。「事業」としてきちんと計画を立てて、人間を配置して予算をつけないと続けられない。

そこへ一歩踏み出すためには絶対に必要なことがある。それは、

「アカガシラカラスバトの現状と未来を、（行政や研究者だけではなく）住民も主体に入って決める」

ことだ。

アカガシラカラスバトとネコ、そして人間が共に暮らす社会を望むのか、それとも別の暮らし方を望むのか。アカガシラカラスバトと島の未来を住民自らが考えて決めていく場が必要だとアイボでは考えていた。

そのためにあと四〇羽足らずしかいない絶滅寸前のアカガシラカラスバトがどんな状況に置かれているか、島の人々が知らなくてはならない。その上で「この島をどういう島にしたいのか」を住民が思い描き、実現に向けて実践していかなければならない。

ここで小笠原が取り組まなければならなかったのは「見たことがないものを守りたいと思うかどうか」というまるで禅問答のような挑戦だった。見たことがあるのは限られた人だけ。写真もほとんどない。その姿を見たことがないのに、本当にそれが生きていると信じることができるのか。そして、モチベーションを持って生活習慣さえ変えて、守ろうと思うことができるのだろうか。

そしてもう一つ。今まで決め事は上から降りてくることに慣れている住民も、行政も、官庁も、同じ位置で語り合い、フラットな関係で物事を決めるなどということができるのだろうか?

アカガシラカラスバト保全計画づくり国際ワークショップ

島に暮らす人々と行政と、関係する省庁と、研究者が全員を認めつつ能動的に何かを決めていくようなかたちは作れないだろうか——。アイボがあれこれと考える中、一つの提案が堀越のもとに舞い込んだ。

「今年（二〇〇六年）、対馬と沖縄本島で、ＩＵＣＮの『野生生物保全繁殖専門家グループ（ＣＢＳＧ）』が行う保全計画づくり国際ワークショップが参考になると思うからオブザーバー参加してみては？」

そのワークショップというのは一九七九年にユリシーズ・Ｓ・シールという研究者によって生み出されたもので、Population and Habitat Viability Assessments つまり「個体群と生息地の存続可能性評価」と呼ばれるものだ。シールは野生動物保護の現場で立場の違いから、研究者、国家組織、自治体や住民そして野生動物保護官の意見が対立する様を世界中で見てきた。データの共有もなく、個別の立場からの意見が議論されている状況を打ち破り、即座に取り組まなければならない保護の現場を停滞させている状況を打破するために「動物園の園長や野生生物保護管理官、科学者、ＮＧＯスタッフが対等な関係で保全計画を策定する」ために始まったものだった（『誰が世界を変えるのか　ソーシャルイノベーションはここから始まる　英治出版より』）

堀越がワークショップのことを知った時には、すでに世界六五カ国で一七〇種以上の絶滅危惧種について実践的な保全計画づくりとして開催されていた。日本で初めて、対馬と沖縄本島で開催される。対馬はツシマヤマネコ、沖縄本島はヤンバルクイナというどちらもアカガシラカラスバト同様に絶滅の崖っぷちに立っている動物を対象にするという。

話を持ちかけたのは日本獣医生命科学大学准教授（当時）であり、日本獣医師会野生動物対策検討委員会委員長、CBSGのメンバーでもある外来種対策の第一人者、羽山伸一だ。羽山は野生動物の保護や、飼育動物の適正飼養について取り組む環境保全・動物福祉のNPO法人「どうぶつたちの病院東京」の副理事でもあり、アイボをいろいろな面からサポートし、アドバイスや意見を寄せている一人だった。

堀越は羽山から受け取った資料を見て「これは小笠原に取り入れられるかも」と期待を持った。シールが築いたさまざまな手法はもちろんだが、もっとも興味を抱いたのはワークショップに住民も参加すると聞いたからだ。そこで羽山に頼んでオブザーバーとして参加させてもらうことにした。

住民参加を実現しよう！

「このワークショップをアカガシラカラスバトのことで小笠原でやってみたい！」

二〇〇六年十二月、沖縄本島北部の国頭村で開かれていたワークショップで堀越は前のめりになっていた。同じ亜熱帯気候の島、そこに海洋島と大陸島という違いはあっても、自然も、戦後の歴史も似ているところがある上に、対象となっている生物がマングースやノネコなどの影響を受けているヤンバルクイナだったからだ。

「どうすれば、ヤンバルクイナを守れるか」

その命題を研究者や自然保護団体、行政だけではなく、ヤンバルクイナが住む地域の住民たち、漁師、農家、主婦、観光ガイドやよそから移住してきた新住民など、ふだん自然保護について語ることがないような人たちも同席し、今、ヤンバルクイナが置かれている現状を共有していた。

実際にどのような保護対策をしていくかを話し合うときはＩＵＣＮの関係者と研究者たち、行政や関係する省庁の担当者とＮＰＯが話し合いを深めていったが、この種の会議でよく見られる責任放棄やなすりつけ、先延ばしはなく、誰のどんな意見も同等に扱われ、ファシリテーターの手によって整理されていった。

この会議の基本原則にも堀越はうなった。

・ワークショップ中は、個人的な、または組織的な問題にこだわらない

・全てのアイディアが有効である
・全てを模造紙に記録する
・全員参加する・取り仕切る人がいてはいけない
・お互いに耳を傾け合う
・お互いに敬意を持って接する
・共通の土台を探す
・それぞれの違い、短所を認める――しかし問題にはしない
・時間枠を守る
・ワークショップの最後までに大枠の報告書を完成させる

シールの理念は今も受け継がれていたのである。これを小笠原に持ってきて、アカガシラカラスバトを取り上げたい。堀越は胸を躍らせた。

さらにこのワークショップの実行委員長であった現「NPO法人どうぶつたちの病院沖縄」の長嶺隆獣医師と知り合ったことは大きかった。長嶺はアイボと同じようにその地域の住民であり、地域の人々と向き合いながら野生動物の保護に取り組んでいた。悩みも課題も似ているところがあり、アイボにとってはこの先も幾度となく支えてもらうことになる大きな存在だった。

「もし小笠原で保全計画づくりワークショップをやるなら、私たちがやんばるでやったノウハウは全部伝えますし、できることはなんでも助けます」
長嶺のこの言葉は、開催はしたいが迷いの中にいた堀越には救いの一言だった。

とはいってもやるとなったらかなり大がかりな取り組みになることは間違いない。この頃アイボは少しずつ委託事業などが増え、職員やバイトも増えてきて、設立当初の倉庫のような事務所よりは少々広い借家を事務所にするなど、所帯が大きくなってはいたが、マンパワー的にも予算的にも会議全体をオーガナイズするのは無理だと堀越は思った。それに、やるなら自分たちの主催ではなく、国や自治体に絡んでもらわないと意味が無い。

おそらく予算は数百万になるだろう。沖縄からの帰り道、悩みながらもいったん答えを保留した堀越だったが、やっぱりやるしかない！　と決意し、鈴木、佐々木も同意した。海外からＩＵＣＮの専門家を招聘しなければならない。本州各地から小笠原でフィールドワークを行っている研究者にも、関係する省庁にも参加してもらわなければならない。さらに最低でも三日間必要なこのワークショップに島の人々を巻き込めるか？　課題は山積だったが、賽は投げられた。

やろうと決心してから堀越、鈴木、佐々木はまずネコ連を通して「アカガシラカラスバト保全計画づくり国際ワークショップ」の必要性を訴えるところからスタートした。

「ネコ連の発足はこのときにも大きな意味を持ちました。村や東京都はネコ連の一員として問題の解決に努力する立場ですし、国有林課（林野庁）は数年前にすでにアカガシラカラスバトの生息環境に適した場所として『アカガシラカラスバトサンクチュアリー』を設定していました。環境省はちょうど小笠原の世界自然遺産登録に向けて外来種対策に取り組むタイミングだったんです」（堀越）。

保全については生息地である小笠原だけではなく、保護増殖もにらんで東京都の動物園関係者にも参加してもらう必要がある。小笠原でこのような催しを行うときにもっとも障壁となるのは参加者の日程と交通費である。東京と父島の間を結ぶ「おがさわら丸」は東京を出て二十五時間半かけて父島に着き（現在は二十四時間）、二泊〜三泊停泊してまた二十五時間半かけて東京へ帰る。本州からの参加者は、約一週間の時間を空けなくてはならない。交通費は船の最も安い等級で往復約五万円。滞在も民宿は三泊すると三万円ぐらいはかかる。

まず、関係する団体や組織からなる実行委員会（※注）をつくると、堀越は金策に走った。

「ざっとですけど全体で一千万以上かかったんじゃないかな……。それも、かなりの部分は参加者の自己負担をお願いすることになりました。そのために本州の招聘者にこのワークショップがいかに重要かを伝えることからはじめました」

ＣＢＳＧ本体へのアプローチややりとりはＣＢＳＧ日本委員会の羽山が行い、各行政や関係者による実行委員会設立には堀越はじめアイボが奔走し、対外的に開催を発表できるようになったのは開催の半月前、二〇〇七年十二月だった。

本州から小笠原に来てもらうには最低五泊六日が必要となる。呼びたい人たちはいずれも多忙を極めている研究者や行政担当官だったが、その人びとに「ぜひとも力を貸して欲しい」と呼びかけ尽力したのは、アイボではなく実行委員会の人びとだった。

「公務員と研究者にはなんとか来てもらうよう依頼し、世界遺産になるための自然に関する事業に就いているコンサルティング会社や、天然記念物（アカガシラカラスバトは天然記念物）を管理する文化庁、アカガシラカラスバトの飼育を行っている上野動物園にも来てもらうようお願いしました。本州からの参加者を約一週間拘束するわけですが、謝金は誰にも払っていません。それでもみんな意義を感じて参加してくれました」

予算はどのようにかき集めたのか。堀越の記憶によれば、助成金（自然保護助成基金）を中心として、小笠原村と東京都は共催費を、環境省は「アカガシラカラスバトの会議用資料作成」を、林野庁国有林課はコピーや会議に必要な事務用品をというようにそれぞれが持ち寄りを行った。こうして開催に必要なものはなんとか捻出したが、それでもたりない分はアイボが負担した。資金集めも苦労はしたが、それよりももっと大変だったのは島内の参加者確保だったという。

このワークショップはＩＵＣＮでの大枠は決まっていても、実際にどのような構成で何をどう話し合っていくのかはそれぞれの地域で変わってくる。アイボではギリギリまでどのような構成で行くかを検討してはやり直すことを繰り返していた。

その結果、アカガシラカラスバトの生息「域内」「域外」「地域」という三つのグループを作り、ステークホルダー（利害関係者）にそれぞれ三つのうちのいずれかに入ってもらい、話し合いをするスタイルにした。しかし、島内のステークホルダーはネイチャーガイドなどの観光業者も多く、「おがさわら丸」が入港している間は仕事がある日でもあるのだ。それでも、ガイドなら常に自然を見ているし島外の人に伝える機会がある。学校の先生は子供に自然を伝えていく立場だし、お土産屋さんは観光客に小笠原のものを売る立場である。都や環境省のレンジャーたちは自然保護の立場というように、ぜひその立場からアカガシラカラスバトのことを考え意見を述べてほしい人たちなのだ。

快諾してくれた人も多かったが、出席を決め兼ねている人も多かった。「この人に出てもらわなければ絶対に困る」という人には戸別訪問で直接交渉にもいった。その結果、六〇人の出席を確保することができた。

「本当はもっと多くの人に呼びかけたかったけど、これが限界でした」

それでも、この人数は実は異例なことだった。今まで開催されたどこでも、保全計画づくり国際ワークショップは最終決定の場面に住民を参加させてはいなかった。その核心部は研究者や行政関係者、守る対象の動物に関わる一部の住民のみがステークホルダー（利害関係者）となり行っていた。

だが、アイボでは「小笠原では住民を参加させなければだめだ」と考えていた。なぜなら、アカガシラカラスバトの未来を考えることは、島の未来を考えること。ならば、それを決定する場に住民がいないのはおかしい。

東京で専門家によるプレミーティングが開かれたときは「ステークホルダーが多すぎる、これじゃまとまらない」と批判もされたが、考えは揺るがなかった。

「住民は島の未来を決める一員」

別の角度から見ればしごく当たり前のこのことが、世の中のあらゆる場面で見落とされている中、そこだけは誰がなんと言おうと譲らなかった。

かき口説かれた住民たちは、日頃の説明会などと異なり、自分も主役の一員であるこの試みにいつもと違う感じを抱き、期待を寄せるようになった。

そして会議全体の調整や連絡で手一杯のアイボを見かねて、住民たちが「分かった、じゃあ自分たちも準備を手伝うよ」と準備委員会を設立し、関連イベントをいくつも計画し、島の中の広報を買ってでた。

ビジターセンターでの「アカガシラカラスバト展」開催や、生息地を見にいくツアー、ネコ捕獲を行っている現場を見にいくツアー、マグネットや缶バッジ、手ぬぐいなど関連グッズの開発・制作・販売。

アイディア出しも実行も、全員仕事が終わった後のボランティアだ。当時はほとんどアカガシラカラスバトを見た人がいないから、写真も限られた数しかない。そこで、全員がかけずり回って写真を集め、拡大して印刷し、パネルに貼ったり解説文を書いたりした。

ネコ捕獲の現場を見るツアーや、サンクチュアリに行くツアーでは、島田克己や金子隆たちネイチャーガイドが無料でツアー解説を行った。「おがさわら丸」が入港したときには、手分けして「アカガシラカラスバトを知っていますか？」というアンケートを取ったりもした。小笠原にはなぜか美大出身者が多いので、得意分野を活かしてアカガシラカラスバトグッズのデザインを担当したりもした。

また二〇〇三年から父島にある「小笠原ビジターセンター」の展示や解説、イベントの運営を担当していた任意団体「ボニンインタープリター協会」は、代表・大好まり（当時）の強力な指揮のもと、ワークショップの開催に合わせて子供向けの「アカガシラカラスバトを守り隊！」という観察会を軸にしたイベントや「アカガシラカラスバト展」を開催した。

「国際的なワークショップをこの島でやるってすごいことだと思いました。私は当時、別の組織に所属していたので『学べることがあったら持って帰ろう』ぐらいのつもりで参加したんですが、気がついたら準備委員会に入ってみんなと必死に動き出して。とにかく、お金がない。時間もない。全体のとりまとめに苦労しているアイボからは指示もなければ規制もない（笑）。しょうがないから一人ひとりが知恵を絞って『こうしたらどう？』『それいいね！』みたいな感じで、どんどんアイディア出しして、アイボには事後報告ってこともたくさんありました。

一ついい知恵が浮かぶと連鎖してまたいい知恵が出てくるんです。だから、このワークショップに関しては、呼ばれて参加してそこに座っているのではなくて、みんなで作り上げた！　という気持ちがあります」

そう語るのは当時、小笠原海洋センターの職員であり、現在はアイボの職員となった石間紀子である。

関連イベントの一つにアカガシラカラスバトの愛称募集があった。生物が絶滅に向かうとき現れる現象の一つに「地域の人々との関わりがなくなる」ことがある。その地域の人々の生活から全く姿が消え、名前が口に上ることもなくなっていくとき、実は生物は静かに絶滅に向かっているのだと。ワークショップが開かれる頃のアカガシラカラスバトはまさにその

ワークショップでは住民も研究者も同じ権利を持ち、同等に意見を交わしてアカガシラカラスバトの未来を考えた（提供：小笠原自然文化研究所）

状態に陥っていたため、準備委員会で「みんなが口にできる愛称を作ろう」という提案が出たのである。

知らず知らずのうちにみんなワークショップに巻き込まれていった。だが、仕事をしながらの準備にへとへとになりながら、しかし作業をしている大半の人々は実際のアカガシラカラスバトを見たことはない。予定されているツアーのタイトルも「アカガシラカラスバトの森を歩く」であり「アカガシラカラスバトを見よう」ではない。このとき、住民たちはアカガシラカラスバトを守る、のではなくアカガシラカラスバトがいる森を守る＝生息地全体を守ることを無意識に受け入れていたのではないだろうか。

「あの森にアカガシラカラスバトがいるかもしれないと思って歩けば、ただの森じゃなくなる」

自然保護にはときどきシンボルが登場する。たとえばパンダやオランウータンだ。そのシンボルにのみ注目が集まり、背後にある彼らが生きている環境を守ることにはなかなか意識が広がらない中、小笠原は最初から「見えない生物が生きている森を守る」ことに意識が到達した画期的な地域だったのだ。

開催日である二〇〇八年一月十日が近づいてきた。不眠不休で準備にあたる島に向けて、一月九日、六〇名余りの本州からの参加者を乗せた「おがさわら丸」が東京を出港した。

「最短二十二年で絶滅」

一月十日、「おがさわら丸」から降り立った本州からの参加者が一息入れるのを待ち、東平の「アカガシラカラスバトサンクチュアリー」見学を経て、午後二時、いよいよ「アカガシラカラスバト保全計画づくり国際ワークショップ」が開幕となった。会場の「小笠原村地域福祉センター」の多目的ホールには約一二〇名の参加者が三々五々集まり始めていた。参加者一人一人に分厚い「ブリーフィングブック」が配布される。それは現在までに分かっているアカガシラカラスバトの全情報が網羅された資料だ。専門的な論文もある。参加者は資料に目を通しながら開催を待っていた。いつも催しごとで利用される会場は、参加者の期待と好奇心で溢れていた。

実行委員長である堀越からの挨拶を皮切りに、午後三時、いよいよワークショップがスタートした。

「アカガシラカラスバトと共存する地域社会づくり」「アカガシラカラスバトが生息する域内保全」（アカガシラカラスバトが住んでいる小笠原での保全を考える）「生息域外保全」（小笠原以外でアカガシラカラスバトを保全する。この場合は動物園の飼育）という三つのワーキンググループと、専門家集団による個体群生存可能性評価（ＰＶＡ）、これらに参加者が振り分けられ、グループ内で話し合いを行っていった。ＰＶＡはＩＵＣＮの専門家集団が、Ｖｏｌｔｅｘというシミュレーションソフトを使い、現在までに分かっているアカガシラカラスバトに関するデータ（推定個体数や寿命、繁殖可能な年齢、産卵数）をベースにし、そこに台風や突発的な災害、開発、そして外来種であるネズミやネコなどのパラメーターをかけ合わせて計算することで、起こりうる結果を算出するものだ。

専門家グループがそれを行っている間、各ワーキンググループでは全員でアカガシラカラスバト保全の課題をそれぞれの立場から出し合い、次にデータの収集と分析を行い、課題に対する目標を決めた。最終的に、各ワーキンググループから目標を実現するためのアクションプランを決めていき、全員の前でグループごとの発表となるのだが、これを三日かけて行うのである。

一日目の終盤、ＰＶＡ専門家グループから衝撃的な発表があった。現在分かっているアカガシラカラスバトの現状と、阻害の要因などをかけ合わせてシミュレーションした結果が出たのだ。

「このまま何も手を打たずにいると、最短二十二年でアカガシラカラスバトは絶滅する」

この結果に参加者は衝撃を受けた。特に、今まで現状を全く知らなかった島の人々は目が点になったことだろう。一度も目にしないうちに絶滅してしまうかもしれない。

課題は各グループでボードに書ききれないほど出たが、その中から「何が重要か」優先順位を参加者で決めていく。決める方法は島の木の実を投票券代わりに使った。さらにその課題をどうやって解決するか、目標を短期（一年）と長期（五年）で決めていく。このようにして決めた目標を、今度はグループを超えて全員でどれを優先するか投票して決めていく。こうやって絞り込まれていくと、漠然としていた「アカガシラカラスバトを守るために行うべきこと」がだんだんと明確になっていった。

最終的には、絞り込まれた目標を「誰が・どうやって・いつまでに達成するか」、担当者を決めていった。

三日間、朝から晩までひたすらの話し合いだが、居眠りをしたり抜け出して帰ってこなかったりする人は一人もいなかった。持っている木の実はどんなに権威がある人も、島の住民も、同じ数だけ。参加者には、その時点まででで分かっているアカガシラカラスバトの情報・論文・データがすべて掲載された「ブリーフィングブック」が配布されており、それを持つことで全員が同等の知識を持っているとみなされ、対等の権利を持つことになったのだ。

（提供：小笠原自然文化研究所）

アカガシラカラスバト
国際ワークショップ

一票の重さは全く同じだから、いい加減でいいやなどと妥協して投票することなどできない。最終的には目標を達成するためのアクションプラン（行動計画）を自分が担当するかもしれない。それは、説明会でこれから行うことだけを聞く今までのスタイルとは異なり、住民が初めて希少種の保護に直接関わる権利を得た瞬間だった。

そして、全員が目標の中で一番の優先順位に選んだことこそ、
「飼い主のいないネコを山の中からなくす」（短期）
「実効性のあるシステムづくり」（長期）
だったのだ。これを最も優先して取り組む課題として、では何をすべきか、行動計画が決まっていった。たとえば飼いネコ、外飼いネコあるいは集落内のノラネコの実態調査、飼いネコの適正な飼養の徹底、飼い主会の設立と動物病院設立、村のネコ条例の改正、そして「ネコの捕獲」である。

課題は全部で八つ選ばれ、それぞれに目標と担当者が設定された。
「アカガシラカラスバトの問題は自分たちの問題」ということが、このときにはっきりと、島の中に浸透していったのだ。

「島の住民が自分たちの島の自然について本気で討論して、しかもこれから実際に取り組むところにも関われる。こんな画期的なことは小笠原始まって以来だ」

と言う声も聞かれた。母島から観光協会事務局（当時）として参加した坂入祐子は

「外来種対策はなかなか出口が見えない長い戦いだから、誰もやりたがらないで関係者が押し付けあってしまうような印象があるけど、このときは違った。人間としてなにをすればいいか？　はっきり見えていた。住民としてネコをきちんと飼うことがアカガシラカラスバトを救うっていう道筋がはっきり見えたしね。私たちがやることは、蛇口を閉めることとって。しかも話し合いに政治的な色がまったくなく、住民の意見をボトムアップで行政にぶつけることができた。そんな機会はそれまでまったくなかった」

と、感想を述べた。

ちなみに、このときに決まったアカガシラカラスバトの愛称は「あかぽっぽ」だった。この十年の間にすっかり定着し、今ではあかぽっぽの方が口にされているかもしれないぐらいである。

島の将来を担う子どもたちにアカガシラカラスバトや小笠原の自然について伝えることも目標となった。そこでワークショップの後、小笠原の中学生が修学旅行で東京へ行くと、上野動物園のアカガシラカラスバト舎に立ち寄り、バックヤードで手伝いをさせてもらうとい

う連携もできあがった。

当時を振り返って、堀越は言った。

「あのときに、みんなでアカガシラカラスバトの未来を決めたんだよね」

こうして二〇〇八年一月、島は変わった。無関心ではなくなり、アカガシラカラスバト保護は大きく前進したのである。

（注1）アカガシラカラスバトPHVA実行委員会
実行委員長　堀越和夫
副実行委員長　鈴木創
実行委員　伊藤員義（恩賜上野動物園、（財）東京動物園協会、CBSG JAPAN）
手塚泰文（社）東京都獣医師会）
中山隆治（環境省小笠原自然保護官事務所）
成島悦雄（多摩動物公園、（財）東京動物園協会、CBSG JAPAN）
羽山伸一（日本獣医生命科学大学野生動物教育研究機構、CBSG）
堀　浩（CBSG JAPAN調整者）
村山晶（CBSG JAPAN）
※法人の名称は当時のもの

2

カゴを背負って道なき道を

山のネコ捕獲専門の「ねこ隊」発足！

ワークショップでは会場の全員で「まずは山にいる飼い主がいないネコを捕獲しよう」との合意が取れた。捕まったネコは東京に搬送し、東京都獣医師会に所属するクリニックに引き取ってもらう確約もとれた。また、東平での捕獲のときから懸案事項だった「おがさわら丸」での搬送費。一匹あたり約一万円の運賃を支払わなければならないので、その予算の確保に暗雲が漂っていた。ところがここで小笠原海運株式会社が小笠原が世界自然遺産を目指すならば、自分たちも自然を守るために協力したいと、無償での搬送を申し出てくれたのである。この協力は大きかった。

「おがさわら丸」は島の人々にとって特別な存在だ。東京との間をつなぐ唯一の交通機関なので島を出てどこへ行くにも絶対にこの船に乗らなければならない。しかも二十五時間半（現在は二十四時間）という長い時間を過ごすためか、ただの乗り物ではなく、まるで「おがさわら丸さん」という一個の人格のように捉えられているフシがある。もちろん、人びとは今日は揺れすぎだとか、入港時間が遅れたとか、不平も口にするが、島に住んでいない人間が同じことをいうとたちまち大反論して「おがさわら丸」をかばう。喜びも、悲しみも、全部船が運んでくるこの島では、「おがさわら丸」とその運行会社の「小笠原海運」は島の運命共同体のような存在なのだ。

そしてワークショップから二年後の二〇一〇年、本格的な山のネコ捕獲について二つの大きな動きがあった。一つはノネコ捕獲の専門部隊「ねこ隊」が環境省の事業として発足したことである。

今まで都道沿いで行っていた捕獲と異なり、今回の捕獲は父島の山域が対象なので、山のどこに捕獲カゴを設置するか、そこへ行くルートはどこを通るかなどを計画していかなくては立ち行かない。この計画を担当したのが父島のネイチャーガイド・原田龍次郎だった。原田は東平での捕獲の経験からどのくらいのノネコが捕獲できるかの目安が分かっていたことと、日頃から山を歩きルートを熟知していたことで担当することになったのだ。

原田は、どのエリアに捕獲カゴを仕掛けるか、父島の地図をにらみながら考えていった。

「アカガシラカラスバトサンクチュアリは国有林課（林野庁）の管轄だけど、運営は島の団体で俺も参加している『小笠原自然観察指導員連絡会（通称：NACSJ-O）』が担当してて、捕獲に入る若者たちもそこから送り込まれてきたんだ。男性で若い奴らが多いから体力は心配ないとしても、山道を知らないとノネコが入った捕獲カゴを背負って山を下るのは危険がある。そこで、捕獲のルールを徹底したんだ」

① ある程度は父島の山を知っている人間を集める
② 一日に行える作業量を精査する
③ 帰ってくる時間に余裕を持たせる

②と③については、安全上の問題だ。父島では山に入ると携帯電話の電波が届かないエリアが結構ある。原田はねこ隊が帰ってくる時間は最大でも午後三時までとした。万が一、携帯の電波が入らないエリアで遭難したとして、三時が遭難捜索に向かえる最終の時間だと判断したからだ。

そのため、スタート時は二人ひと組で行動するようにチームを組んだ。原田は地図上で先の三つの条件がクリアできるように父島を六ブロックに分けた。実際に歩いてみたらどうなるかを確かめ、地形や上り下り、斜面の状況などを確かめながら、ノネコのフンが落ちているか、ハトが今どの辺にいるかという情報をすりあわせ、捕獲カゴを仕掛ける場所を決めていった。

「ここ、と決めたら木かなにかに印をつけて、その位置をGPSに落とし込んでいく。そこがアプローチしにくい場所だったら、ある程度ルートを作っておくようにした」

エリアそれぞれの中にルートを作り隊員は担当するルートを上り、餌を仕掛けたり、捕獲カゴに入ったノネコをカゴごと背負って帰ってきたりする。

二〇一〇年の事業初期段階で父島エリアに仕掛けた捕獲カゴは二〇〇以上にのぼり、捕獲されたノネコは六四匹にもなった。

「最初の頃に捕まったのはボス級の、でっかくて気が荒い奴らばかり。ボスは強いけど好奇心も強いし、餌にも貪欲。だから捕獲カゴにすぐ入ってしまうと思うんだけど、そういう奴が入っていると回収するのは大変。近寄っただけで荒れ狂って、頭も鼻先も前足も血だらけになってる。ケモノの本能なのか、そういう奴は近寄っていっても人間に後ろを見せない。こっちを見ながら毛を逆立てて『シャーッ！　シャー！』ってものすごい顔で威嚇する。ひどいときはションベン引っかけてくる」

原田は捕獲当初のことを話してくれた。

「これは自分の感覚だけど、ボス級や№3ぐらいまでの強いノネコが捕獲されてしまうと、だんだん力の弱いノネコばかりになってくる。逆に言えば〝山に残れている〟わけで、これは力で支配しているボスと違って頭がいい。だから仕掛けにも慎重で、なかなか捕獲カゴの中に入らないいんだ」

この用心深くカゴに入らない個体のことを〝トラップシャイ〟という。しかし、一年目は仕掛ければそれだけ取れるような状態だった。

ねこ隊の一日

そのうち、捕獲の戦略を立てるために、若手メンバー・村田悠介の発案で山の中に自動撮影カメラを置くようになった。定期的にその画像をチェックして、ノネコがどこに出現するかを確認しながら作戦を練っていった。

二〇一一年になると現場に出るのは村田を中心とした若者たちが主戦力となり、二〇一六年に原田が引退すると村田がリーダーとなった。村田は自分も毎日現場に出るいわば〝プレイングマネージャー〟。原田が積み重ねたスタイルを維持しつつも、その日の現場で起こったことをすぐに翌日の捕獲方針に活かすフレキシブルなやりかたへと変えていった。

二〇一〇年から二〇一七年までの間、ノネコの捕獲数によって仕掛ける捕獲カゴの数は増減しているが、ねこ隊の基本的な動きは変わっていない。朝、集合し、自分が行くルートを確認。捕獲カゴに餌を仕掛けるときは、餌を持ち、今までない場所に新たにカゴを置く場合はたたんだカゴも二〜三個背負子につけて山に入っていく。冬でも晴れていれば日差しがきつい小笠原では水は必須。夏場ともなると、四リットル以上を持っていく。戻る時間は、何かあったときに捜索隊が山に入って下山できるギリギリの午後三時までには必ず戻る。安全確認の意味も込めて、二〇一七年からは山中で電波が通じる場所に来たらソーシャルメディア・LINEを活用して「今、どこにいてどんな状況か」を連絡し合うようにしている。

捕獲カゴを仕掛けたら下山するが、前日仕掛けたカゴが同じルートや近くのルートにあればチェックし、ノネコが入っていたらブルーシートでくるみ、背負子にくくりつけて下山する。

……と書くと簡単なように思えるが、実際には手すりもロープもなく、一歩踏み間違えれば滑落確実の場所を行くのである。時には二つの捕獲カゴに二つともネコが入っていることもあって、そういうときにはエイヤっで二つを背負子にくくりつけて下山することもある。

何よりも過酷なのは真夏の作業だ。小笠原の真夏は凄まじい暑さである。しかも目的地までの間に日陰が全くない岩場や崖を登ることも多々ある。頭にタオルを巻いて汗止めにしていても、全身から流れ出る汗は止めようがない。

「熱中症はみんな一度はやりますね」

と、村田は言う。下山するときには全身水を浴びたように汗まみれになるそうだ。

今までに事故は一度も起こっていないが、危ない目に遭うこともある。山に入っていた頃、原田にはこんな経験があったという。

「谷に落っこちそうになったことは何度もあった。捕獲カゴの長さは背負ったときに頭一つ分ぐらい飛び出るぐらい長いんだけど、山を歩いている時はその感覚を忘れてしまう。急いで行かなきゃと小走りに山を登っているとき、木の枝が頭の少し上に伸びていたんだけど、いつもの感覚でひょいと頭をくぐらせて通り抜けようとしたら捕獲カゴがガツーンと当たって後ろにひっくり返りそうになった。崖みたいになってるところを登っている最中にやると落ちそうになるんだ」

かなりの難所へも上っていくために装備はそれぞれで工夫をこらしている。足元は登山靴よりも地下足袋が人気だ。

捕獲カゴに仕掛ける餌は、その時々でトレンドがあるらしく、二〇一五年に見せてもらったときは醤油と砂糖で煮たサバの切り身を使っていた。これもねこ隊のメンバーのお手製である。ときにはそれにネコ用のドライフードやウェットフード、かつお粉などをトッピングしたりもする。それぞれが「これいいかもな?」と工夫して、トッピングや味付けなどを変えていったりするそうだ。誰かが使ったトッピングでノネコが捕獲されると「何を使ったの?」と聞いて、みんなそれを使ってみたりもする。

山中に仕掛けてあるカメラは月に一回内部のデータを回収し、どこにどんなノネコが出現しているか、いないかを確認する。同じネコが違う地点で映っていることもある。移動距離

捕獲カゴにノネコが入っていたらまずブルーシートでくるむ（提供：環境省小笠原自然保護官事務所）

シートでくるまれるとノネコも落ち着いてくる。捕獲カゴを背負子にくくりつけて下山（提供：環境省小笠原自然保護官事務所）

も分かるわけだ。なかなか捕まらないノネコがいるときにはカメラの画像を追いかけて行動を予測したり、足跡やフンを目安にして捕獲カゴを置く場所を決めたりもする。

捕獲数は二〇一〇年から比べると徐々に減っていき、父島では二〇一一年は五三匹、二〇一二年は二一匹、二〇一三年には六匹となっている。

同じ場所へは数日間は同じ隊員が通うが、他の違う隊員が仕掛けた場所に行くこともある。仕掛けた捕獲カゴにノネコが入るかどうかはある意味、運のような面もある。それでもやはり自分が仕掛けた捕獲カゴにネコが入れば「やった！」と思うし、みんなが捕獲できているのに自分の捕獲カゴだけが空だとやはりがっくり来るという。

ときには全員共通で狙うネコもいる。それはカメラの画像をチェックすると、捕獲カゴの中をのぞき込みながらも入るのをやめたり、捕獲カゴの回りまで来るが、そのまま通り過ぎたりする様子が映っているネコだ。そういう相手には、

「どうやってもこいつを捕まえる」

と、ファイトが湧くようだ。

前後のカメラデータをチェックし、どこからどこへ移動していくかを調べ、「ここ」と思ったところに捕獲カゴを仕掛け、頭脳戦で挑んでいく。ずっと追いかけていたノネコが捕獲できたときは、

父島の精鋭・ねこ隊員たち。右からリーダー・村田悠介、國吉健司、竹本博紀、佐々木大樹（提供：小笠原自然文化研究所）

ねこまち内部（撮影：有川美紀子）

「うれしくって、思わずぼくは山の中で叫びましたね。おおーーーって!」

という隊員もいる。


安全上の管理と、ネコが捕まったときの対応のために、電波が通じるところに来ると必ずアイボに連絡することになっている。電話を取るのは捕獲されたノネコを東京に送るまでの間の飼養を担当している石間紀子だ。


「声ですぐ分かるんです。取れたか、取れなかったか。狙っていたノネコが取れていた時の声は電話に出た瞬間すぐに分かるんですよ」

と石間は笑う。


「自分たちのミッションは、山の中のノネコをゼロにすること」

と、村田ははっきりいい、隊員たちにもそれを徹底している。

「捕獲カゴをどういう場所にどんな向きで置くかでノネコが入るか入らないかが決まることもあります。長くやっていると経験で『こういう地形や森の感じならヤツらはこっちから来るだろう』と判断できるんですが、必ずしもその通りになるわけじゃない。むしろ、先入観がない視点で試したほうがうまくいくこともあるので、隊員には『自分の考えを試して仕掛けてみて』と話しています」

メンバーには入れ替わりもあるので、最近では求人広告で募集するようにもなった。それを見て応募してくるメンバーは、小笠原に来ること自体が初めての者もいる。それもあって、村田は安全管理にはたいそう気を遣っている。

プロ意識はとても高く、もし捕獲カゴに入っているノネコの具合が悪そうだとしたら、荷物を置いて山を駆け下り、安全な場所に連れて行ってから荷物を取りにもう一回山に入ることもいとわない。

それぞれねこ隊に入る前は自然保護について活動していたわけでもないが、自然保護に関する事業がそういう若者の雇用の場になっているのは小笠原にとって望ましいことだと思う。

彼らの仕事は二〇一三年に父島で六匹(うち一匹は飼い猫とマイクロチップで判明)しか捕獲できなかったときに「もう今年中に終わるかも」と思われていた。しかし話はそう簡単ではなかったのだが、それはあとに記すことにしよう。

母島にも誕生、その名も「ははねこ隊」

まずは父島の山域から始まったネコ捕獲だが、母島でもできることから始めようと、南崎での捕獲に関わったメンバーや、そのあとに加わったメンバーで二〇一〇年に「ははねこ隊」が結成された。だが父島のように山域の捕獲にはまだ手を出せる段階ではなかったので（ブロック分けや、山のネコの状況を知っている人がいなかったのと、事業の成果を父島に集中させるため）、二〇一〇年以前に父島で行っていたような、都道沿いに捕獲カゴを置くやりかたでスタートさせることにした。捕獲対象としたのは、南崎と、集落から北に延びる「北進線」と呼ばれる都道沿いである。

母島で中心となっているのは、二〇〇八年に父島から母島に一家で移住した宮城雅司（愛称：ジャイアン）。マイケルが捕獲されて以降、南崎は継続的にボランティアベースでネコの侵入を防ぐための捕獲を続けていたのだが、その捕獲に参加していた人物である。ジャイアン（父島でも母島でも彼を宮城さんと呼ぶ人はいない）は二〇一〇年からはアイボからの仕事として捕獲に関わることになり、集まった捕獲メンバーの取りまとめを行うリーダー的な役割にもなった。

ジャイアンは妻の洋子とこどもと「持続可能な暮らし」を求めて内地からこの島へやってきた。当初は父島で暮らしながら農の周辺に関わっていたが、本格的に農業を手がけるために土が肥沃で農家が多い母島に移り住んできたのである。

彼は島が好きで移り住んできたが、自然との関わりや環境問題について考えるようになったのは子どもが生まれてからだという。そして今、農業のために朝四時には家を出て畑に向かい、シフトが入っていれば南崎まで行くという生活をしているのは、

「アイボの人たちの熱さに動かされたから」

だという。

「なんでアカガシラカラスバトや自然を守るためにあそこまでモチベーション高く粘り強くいられるのか、驚きました」

やがてアイボの面々と語り合い、鳥獣保護員になったり、日々畑や南崎に出て、島に生息する生きものと人間の暮らしの関係について思索と実践を重ねる中で、徐々に「自然と共生する暮らし」の実現がテーマになっていった。

それもあり、今は彼自身が母島の中で「自然を守るためにあそこまでやるか？」という熱さを持続し、みんなに認められている人物だ。湿気が多く虫が多い母島でありながら、化学肥料や除草剤を一切使わないで作物を育て、自給自足を目指して陸稲づくりにも取り組んでいる。

二〇一〇年当時、集まったのは八人ほどだった。二名一組になり、夕方に捕獲カゴと餌の設置、翌朝五時過ぎにネコが入っているかどうかのチェックをするまでが一回の仕事となる。ネコが入っていた場合はブルーシートで捕獲カゴをくるみ、車に乗せて父島に運ぶまでの間、

ネコを滞在させる施設「ははねこ舎」（旧診療所を改装したもの）へ運び入れる。そこで記入用フォームに体重や性別、状況（たとえば妊娠している可能性など）を調べて書き入れる。ネコは父島に運ばれ、父島から東京に運ぶまでの間、一時的に飼養をする施設へ運び込まれた後「おがさわら丸」に載せられるのである。

「ねこ待合所＝ねこまち」の誕生

その一時飼養施設こそ、もう一つの動きだ。ねこ隊が結成される前は、父島の都道沿いと母島の南崎での捕獲のみだったので、年間で一〇〜二〇匹前後しか捕まっていなかった。この間は、奥村という集落にある国有林課が所有する倉庫を借りて、「おがさわら丸」に乗せるまでの間の飼育を行っていたのだが、場所が狭いことなどで今後の本格的な捕獲に備えてきちんとした一時飼養施設がないと困ることは目に見えていた。

このときも官民協働のネットワークがうまく働いて、私有地が少ない小笠原でありながら、村が管理していた国有地を提供してもらうことができた。メインストリートに面した一等地である。上物は助成金（自然保護助成基金）を使い、アイボが中古のプレハブを設置した。しかし、そのつくりではいかにもそっけない。

「せっかくこういう施設があるんだから、みんながこのネコのプロジェクトのことを知って学べるような施設にするべきじゃないの？」

そう堀越や鈴木に助言したのはNACSJ-Oの、当時代表だった宮川典継である。宮川はかつて硫黄島で多くの職人を抱えた「宮川組」一族の系統で、強制疎開時は横浜にいたものの、返還後すぐに島に戻った一家の血を引く生粋の島っ子である。サーフィンの腕前はピカイチ、束縛を嫌い仲間たちといわばコミューンのような形で扇浦の集落に定着し、島でただ一軒のサーフショップ「RAO」を経営している。

宮川の言葉は幼い頃から小笠原の自然とまみれ、いわば自然の精とつながっているような独特の感性に基づいた行動原理があり、内地にいたときに得たポップカルチャーとのつながりもあって、小笠原の中でカリスマとも言うべき存在感を持っている人間だ。小笠原でドルフィンスイムを確立したのも宮川たちだった。島の仲間からは「ノリさん」と呼ばれ慕われている。

宮川が代表の時NACSJ-Oは、二〇〇三年に父島・東平にできた林野庁の「アカガシラカラスバトサンクチュアリー」の管理運営をおこなうことになった。このときの運営のスタイルは、画期的なものだった。

宮川はサンクチュアリを「アカガシラカラスバトの住みやすい森を作っていく」ために、外部の業者を使ったりせず、島のことをよく分かっている島の人々に仕事を依頼して管理運営を行ったのである。地方ではこのような場所ができると、研究機関やコンサルティング会社に業務を委託することが多いが、宮川は鳥の調査はアイボに、植物のことは植物調査で知られる野生研にというように、島内の能力ある住民主宰のNPOに仕事を割り振ったのである。そしてアカガシラカラスバトの調査や植物の調査から上がってきたデータを基に、サンクチュアリ内の植物構成を考え、森を作っていった。

島の人々が守るアカガシラカラスバトであり森である、そんな管理スタイルは今では小笠原の中ですっかり当たり前になっているが、当時は林野庁国有林課でも小笠原でも先駆的だったのである。

宮川たちが作ったサンクチュアリの管理スタイルは、アカガシラカラスバトの調査を行うにもタッグを組みやすく、アイボにとっても重要なパートナーだった。その宮川がいうのだからと宮川に施設まわりの模様替えを依頼することになった。

宮川はNACSJ－Oとしてプレハブのデコレーションを請け負い、大工仕事が得意な仲間を集め、木を多用したナチュラルな雰囲気の建物に作り替えた。都道沿いから見ると、ネコの耳がついたように見える三角の飾りもつけ、海側と山側の入り口それぞれの上には大き

ねこ待合所はネコ耳、ネコひげを模した造り。「ねこ待合所」の看板の下には協働団体の名前が記されている（提供：小笠原自然文化研究所）

なネコの顔看板も設置した。

　西側の壁には今まで捕獲され、東京の獣医師のもとへ送られていったネコの似顔絵を描いたタイルが設置された。東京のどこの病院に引き取られたかも書いてある。絵を描いたのは島の住民や子どもたち。タイルと同じ壁面にはパネルも展示され、小笠原で行われているネコの捕獲と希少種の保護の取り組みが分かるようになっている。

　タイルをここに設置することにこだわったのは石間紀子だった。石間は施設の完成とともにここで東京へ行く日を待つネコたちの飼養を担当する職員となったのだ。

施設は冷暖房完備、万が一の逃げ出し防止のために二重扉になっている。ネコたちを無事に東京に送るために健康には十二分に気を遣っており、ネコにストレスを与えないために飼養施設部分の見学はできない。その代わりデッキに「本日のねこX匹」という匹数を示す看板を設置したりして、周囲を見るだけでも現在のネコプロジェクトが分かるような工夫が凝らされている。

二〇一〇年六月には、父島母島の住民一二〇名が参加して大々的に開所式を行った。保全計画づくりワークショップには参加してもらえなかった漁師や農家なども参加して、南崎のマイケルのストーリーを大きな紙芝居にして子どもたちに見せたり、音楽好きな島の仲間がオオコウモリの歌を唱ったり、みんなで猫の耳のカチューシャを付けて写真を撮ったりと、楽しみながらこの施設のオープンを祝ったのだ。

公募でつけられた施設の名前は「ねこ待合所＝略称『ねこまち』」に決まった。ねこ隊のお披露目もこの時に行われ、ははねこ隊のメンバーも壇上に上がった。アカガシラカラスバトのために何ができるか考えたあのワークショップから二年、着実にアクションプランは実現化していった。何よりも、あのときには「カラスなの？　ハトなの？」と言われていた鳥が、いまだ幻ながらも人々の心にしっかり定位置を確保したのである。

（注）ねこまちの管理運営は現在アイボが担当しており、そのためアイボでは第一種動物取扱業の登録をしている。

獣医さんたちの動物医療派遣団

さらにもうひとつ、住民の意識底上げと、実質的な適正飼養に貢献した試みがある。二〇〇八年から二〇一六年まで行われた東京都獣医師会の獣医師たちによる「小笠原動物医療派遣団」で、東京都獣医師会に所属する医師から参加者を募り、小笠原の飼いネコ、飼いイヌを対象に診療を行うものだ。これも二〇〇八年の保全計画づくりワークショップの際に出た「集落での飼いネコ対策」のために、民間助成金を使ってアイボが呼びかけて始めた試みだった（二〇一〇年からは村の事業となった）。

参加した獣医たちは父島・母島をめぐり、ほぼ十日間自分のクリニックから離れ、ペットの病院がない小笠原のために診療を行う。住民には掲示や防災無線、村民だよりで開催の告知がされ、ネコまたはイヌを連れて行くと無料で健康診断、避妊去勢手術、マイクロチップの挿入を行うことができた。

私も二〇〇九〜二〇一〇年に島で暮らしていたとき、飼いネコを一匹連れて行ったので、

動物医療派遣団が来るときは島の関係者や飼い主が港まで横断幕を持ってお出迎え（提供：小笠原自然文化研究所）

この診療でマイクロチップを挿入してもらった。これでもしこのネコが迷子になっても、捕獲されたときにリーダーで読み取れば私のネコであることが分かり、連絡が来るのである。こうして小笠原の飼いネコすべてにマイクロチップを挿入できれば、捕獲した時にはっきりノネコとの区別ができるのである。

この動物医療派遣で重要だったのはなかなか内地のペット事情の情報に触れることがない島の住民が、ネコという動物の性質や本来行うべき飼い方について、獣医師から話を聞けたことだ。

「ネコを外に出してあげないとかわいそう」
「避妊去勢は人間の都合であって、子ネコを産む権利を奪うのはちょっと……」
こんな住民の意見に対し、

「家の中で上下運動できる工夫をしてあげるだけで、室内飼いでも運動できますし、なにより外で交通事故に遭ったり、ケンカして流血したり、ネコエイズに伝染《うつ》ったりすることがなくなります。ネコはよく窓越しに外を見ているから『きっと外に出たいんだろう』と思う方は多いですが、眺めているだけで満足なんですよ」

「避妊去勢することは長生きにもつながりますし、何より山のネコを増やさないために大切ですね」

派遣団の医師は作成したパワポで説明しながら飼い主に語りかける。島の飼い主たちは画面を見ながら頷いている。

保全計画づくりワークショップでは、ネコを飼っている住民がネットワークを作り、正しい飼い方について情報交換したり助け合ったり、普及啓発ができるような「飼い主会」の発足が一つの課題となっていた。しかしペットの飼い方は子どもの育て方とも似て、他人から「こうしないとダメ」と言われると反感を買う。それだけが理由ではないが「飼い主会」の発足はなかなかスムーズにはいっていなかった。

そんな中、母島では二〇〇九年に「299（肉球）の会」という名で、犬とネコの飼い主のネットワークができた。数カ月遅れで父島でも発足されたのだが、それはまさに、獣医師会と飼い主の懇親会の場で生まれることとなった。

二〇〇九年の動物医療派遣の際に行われた父島住民と獣医師たちの懇親会でのこと。獣医のプレゼンテーションで、最初は凶暴だったりおびえていたりする小笠原のネコが各動物病院の努力によって人なつっこいネコへ変貌している様子を知り、初めてこの活動にリアルな感覚を持った住民は多かった。母島ではすでにマイケルの件で島を出たノネコのその後が知られていたが、父島では知る機会がなかったのだ。

「本当に小笠原のネコが東京に引き取ってもらえてるんだ」

この感覚は住民を突き動かした。懇親会の席上、一人の飼い主が立ち上がったのである。

「今日、映像や先生がたのお話で、島のネコがたくさんの方々の協力のもとで東京に送られ、その後も大切にされていることを知りました。捕獲している人たち、搬送を無料にしてくれている小笠原海運、そして獣医師会の先生がた。

ここまでしていただいておきながら、島の側が努力しないなんて恥ずかしいです。飼い主として、責任を持って最後まで飼い続けるよう、私たちも努力しましょう。賛同してくださる飼い主さん、父島で飼い主会を発足させましょうよ！」

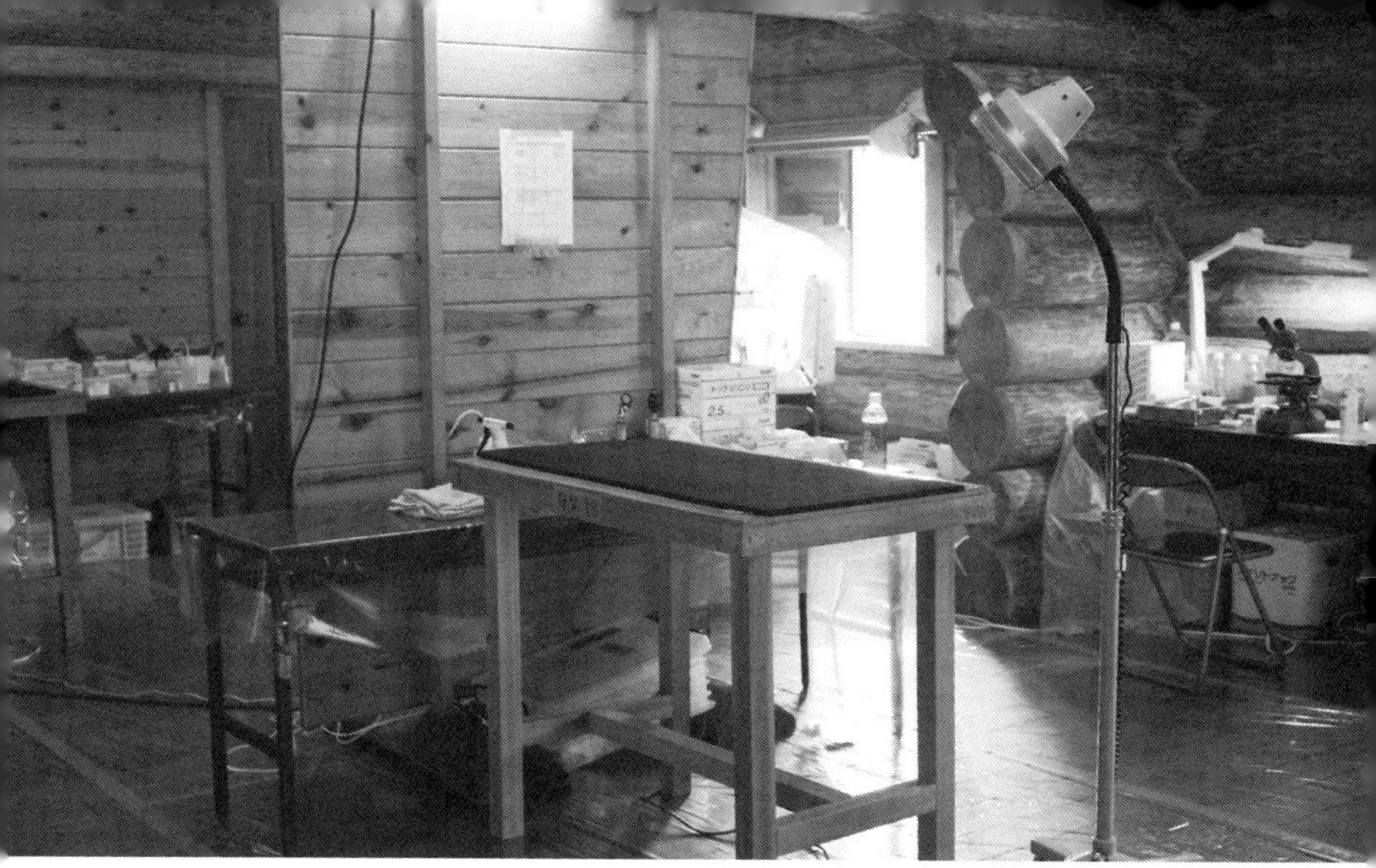

動物医療派遣団は小笠原でネコ・イヌを飼っている人が集まるので、適正飼養の情報を発信する良い場になった。ペット診療のできる場所がないので施設は急ごしらえ、クーラーもなく氷柱を使ったが、機械は最新式のものがメーカーから提供された（撮影：有川美紀子）

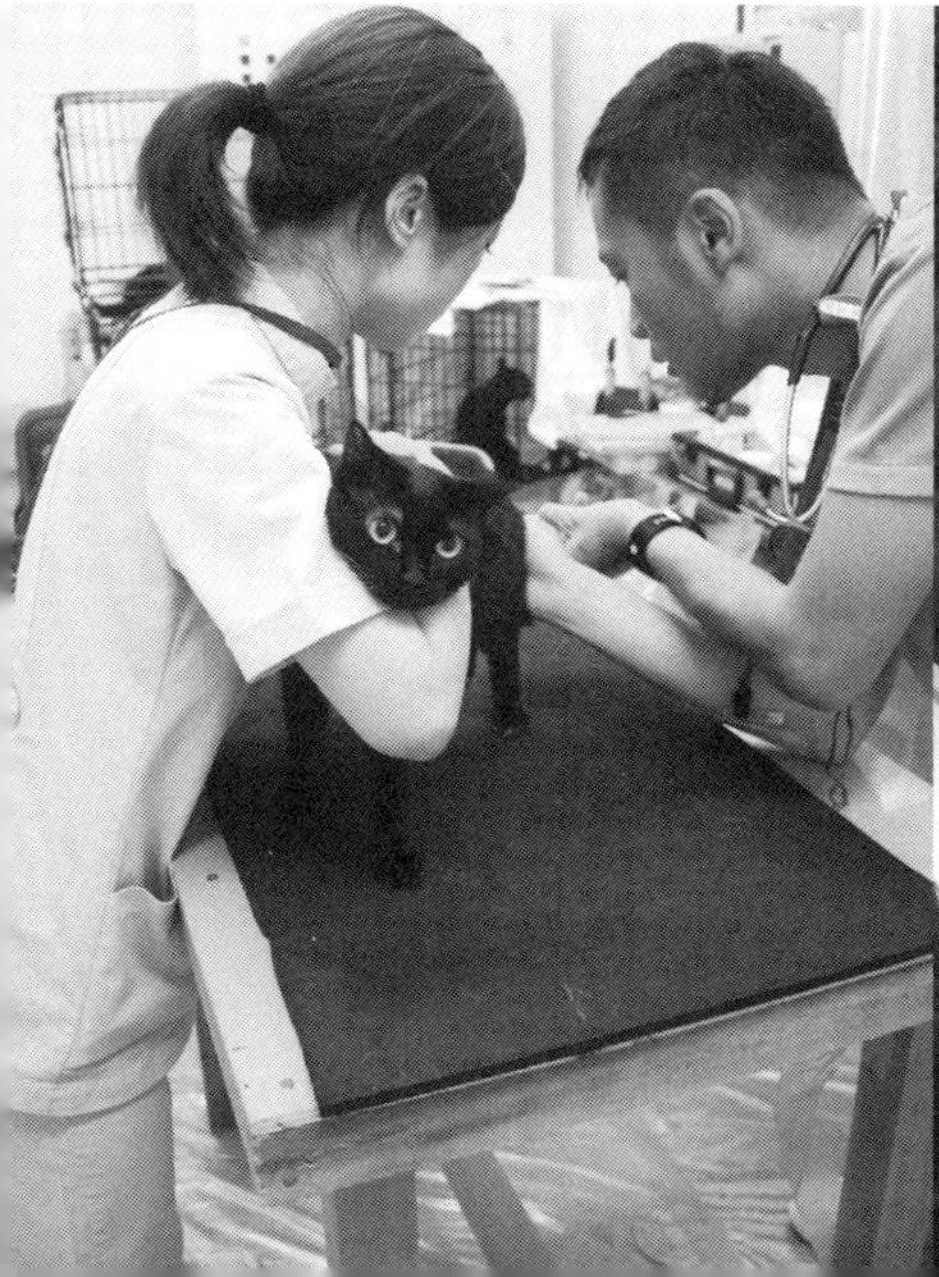

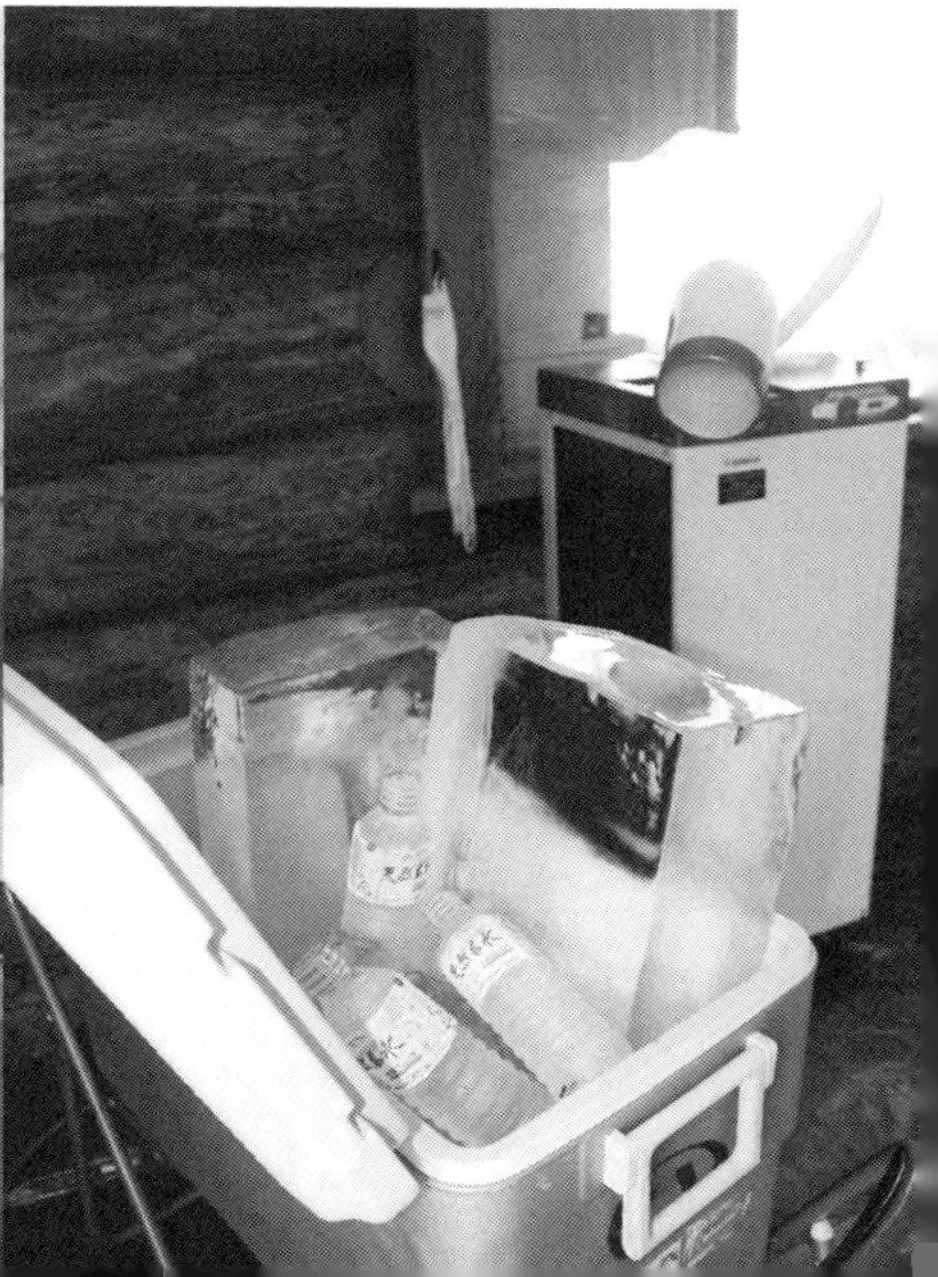

会場はワークショップ以来の大きな拍手に包まれた。

動物医療派遣は父島では「小笠原村扇浦交流センター」、母島では「評議平運動場クラブハウス」に急ごしらえの診療室を作って行われた。とはいっても小笠原には検査に使う機械も、診療台も、薬もマイクロチップも何もない。

そこで手を貸してくれたのが製薬会社や検査機械の企業である。診療に必要な高価な機械と物品を無償で提供・貸与してくれたおかげでようやく診療ができる体裁が整えられた。とはいえ、扇浦交流センターにも母島のクラブハウスにも冷房設備はない。とりあえず、最も熱を取り込む窓には村中で買い占めたアルミ箔を貼って断熱材にすることもした。獣医師たちになんとか少しでも暑さをしのいで欲しいと、スタッフたちは漁協から氷の塊を買った。それに後から扇風機で風を当てるという原始的な方法でやり過ごす始末。それでも誰一人文句を言う人はいなかった。

意識向上とともに適正飼養もぐっと進んだ。父島では村への飼いネコ登録率九八パーセント、母島三六パーセント、マイクロチップ挿入率父島八五パーセント、母島四三パーセント、避妊去勢率は父島九六パーセント、母島一〇〇パーセントにもなったのだ。

「ねこまち」から東京へ　旅だったネコたち

「高山ライン、ネコ一匹捕獲です。よろしくお願いします」

ねこ隊からの電話が「ねこまち」の飼養担当者・石間に入る。開所以来、「ねこまち」にネコが途絶えたことはなかった。石間は受け入れの準備をするため、アイボの事務所から「ねこまち」へ向かった。

石間は以前、「小笠原海洋センター」の職員として、ウミガメの世話を担当していた。もともと看護師だった石間の仕事ぶりは右に出るものがなく、「ねこまち」の開所にあたって堀越にスカウトされ、アイボの一員となったのである。

堀越には一つだけ懸念があった。ネコは愛玩動物でもあるので、過剰な思い入れや愛情を持ちすぎると仕事をするのは難しい。いわば動物園の飼育係のようにプロとして接してほしい。さて、石間はどうなのだろうか？　その点を堀越が問いただすと、このとき即座に石間は答えた。

「私はそういうタイプじゃありません。生きものを世話する人間として仕事はきちんとします。でも、過度な愛情を軸にするようなことはありません」。

ところが、いざ次から次へとネコが運び込まれ、「おがさわら丸」に乗せるまでの間に世話をし始めていくと、石間の心の中に変化が生まれてきた。石間は運ばれてきたネコの状態を確認し、体重や性別を記録、妊娠している気配がないかなど細かく観察し、記録をつけていくと同時に、排泄物の始末、掃除、給餌なども行う。基本的には朝と夕方の二回、「ねこまち」に来て世話をするのだが、時には一二個全てのケージにネコが入ることもあり、記録を取るだけでも相当な時間がかかる。それでも、石間は合間を縫って「ねこまち」に備えているおもちゃでネコたちを遊ばせることも怠らない。

朝も夕方も、石間がカギを開け始める前から内部から大合唱が聞こえる。

「ニャ〜〜ニャ〜〜」

「アーーン、アアーーン」

「ニャオニャャナオ〜〜〜」

石間と、ごはんを待ちかねているネコたちの甘え声なのである。この大合唱の中、カギを

開けて中に入ると、

「はい、はい、ちょっと待ってね〜〜」と呼びかけながら、まずは排泄物の始末から始めていく。

「モモちゃん、今日はいいウンチしたねー」

「ウルルちゃん、あら、あんたごはん残しちゃってどうしたの。柔らかいのじゃないと食べにくかったかね〜」

呼びかけている名前は石間がつけたものだ。ネコたちは捕獲されたときに捕獲した人間が命名の権利を持っている。しかし、石間は「ねこまち」にネコが送られてきた段階でそのネコの様子を観察し、再度名前を付け替えることが多い。


「一時期、母島から来るネコはみんなプロレスラーの名前がついてたの。でも、数日でも「ねこまち」で様子を見てると、すごく優しい性格の子だったりして、そんな子にプロレスラーじゃあまりにかわいそうだから、相応しい名前を考えているんです」

そういいながら石間は今までの名前が記載されたノートを指で繰った。名前が重ならないように全部書き残して管理しているのだという。石間によってつけられた名前はそれぞれのケージに名札として貼られ、東京に行くまでの間その名前を呼びかけられ続けるのだ。とはいっても本当の名前は飼い主が決まってからつけ直される。まだ「ねこまち」ができる前だが、国有林課が提供している倉庫が一時飼養施設となっていた時代に、島で世話している人たちが満月の日に捕まったから月（ルナ）になぞらえて〝ルンナ〟というかわいらしい名前をつけたが、獣医師会の病院に運ばれて確認するとオスだったので最終的に〝くま吉〟というごつい名前になったという話もあるぐらいで、島で名前をつけてもそれがそのネコの名前になるわけではない。

それでも石間が性格や容貌を見て一匹一匹に相応しい名前をつけるのは、もちろん搬送の時に名前が無ければ困るという事務的な事情もあるが、たとえ「ねこまち」にいる間だけでも相応しい名前で呼びかけてやりたいという石間の気持ちがあるからだろう。

「ねこまち」はもともと「おがさわら丸」に乗せるまでの一時飼養施設だから、人間に馴れる訓練は東京の動物病院に行ってからになるはずだった。ところが、ネコによっては「ねこまち」にいる間に「人間大好き！　触って！　遊んで！」と、馴化訓練が必要ないほど人慣れしてしまうケースもある。石間が愛情込めて名前を呼び、接していることでそうなっていくのだ。

「毎日の仕事は、朝、シート交換しておしっこ、うんちを片付けて、ケージの下にあるトレイをはずして全部洗います。食器は次亜塩素酸ナトリウム（消毒液）に一定時間つけて消毒。衛生管理には気を遣っていて、内地の動物病院と同じようにしています。トレイを干したらごはんをあげて、水を交換します。中には食欲がない子や、特定のフードだと下痢してしまう子などもいるので様子を見て、場合によっては獣医師会の先生にアドバイスを仰いだりしながら世話をしていきます。ごはんが済んで記録記入も終わったら、遊びタイム。

朝はだいたい八時過ぎに〈ねこまち〉に来て十時半ぐらいまでの間いて、次に来るのは夕方。五時ぐらいに朝と同じ作業を行います」

「ねこまち」にはネコ用のおもちゃも常備されていて、ねこじゃらし型のおもちゃでケージの前をつーっと撫でただけでもネコたちは反応し、目を真っ黒にして手を出してくる。

時には子ネコが捕まるときもある。大人のネコは馴れたとしてもやはりツメを出してきたり、知恵があり脱走しないとも限らないのでケージから出すことはないが、子ネコだとケージから出して遊んであげることもある。ねこじゃらしを追ってくるくる回転して息を切らす子ネコや、頭から紙袋に突っ込んで紙袋をかぶったまま突進してしまう子ネコなど、思わず笑顔になってしまう愛らしさ満載である。そんな様子を見ながら、

「これ見てたら、なんかイヤなことあっても全部忘れちゃう」

と石間は笑う。

「ネコを飼ったことはなくて縁がなかったし、最初は仕事の対象としてしか見ないだろうと思ってました。でも、ここで世話をするようになってネコがこんなにかわいいってことを知ったんです。初めて『愛おしい』っていう気持ちが分かりましたね」

捕獲されたネコは石間が作成したデータ（どこで捕まったか、推定何歳ぐらいか、オスかメスか、体重はどのくらいかなど）と写真が環境省事務所から東京都獣医師会に送られ、引き取る動物病院が決まると船に乗せる日を決める手順となっている。出港日、石間は朝からその日送るネコの数に合わせてキャリーの組み立てを始める。船内でのネコのフードや水の準備や、それぞれの動物病院に渡す書類を印刷して準備する。

出港が近くなるとそれぞれのネコをケージからキャリーに移し、データを書いた紙を貼り、「おがさわら丸」に運び入れるところまでつきそっていく。送るネコの数が多いと大変忙しい作業である。

しかし、どんなに忙しくても必ず確保している時間がある。それは「別れの儀式」である。ネコの中には石間を信頼しきり、はしゃいで「遊んで！」と鳴いたり、ケージから出すと肩

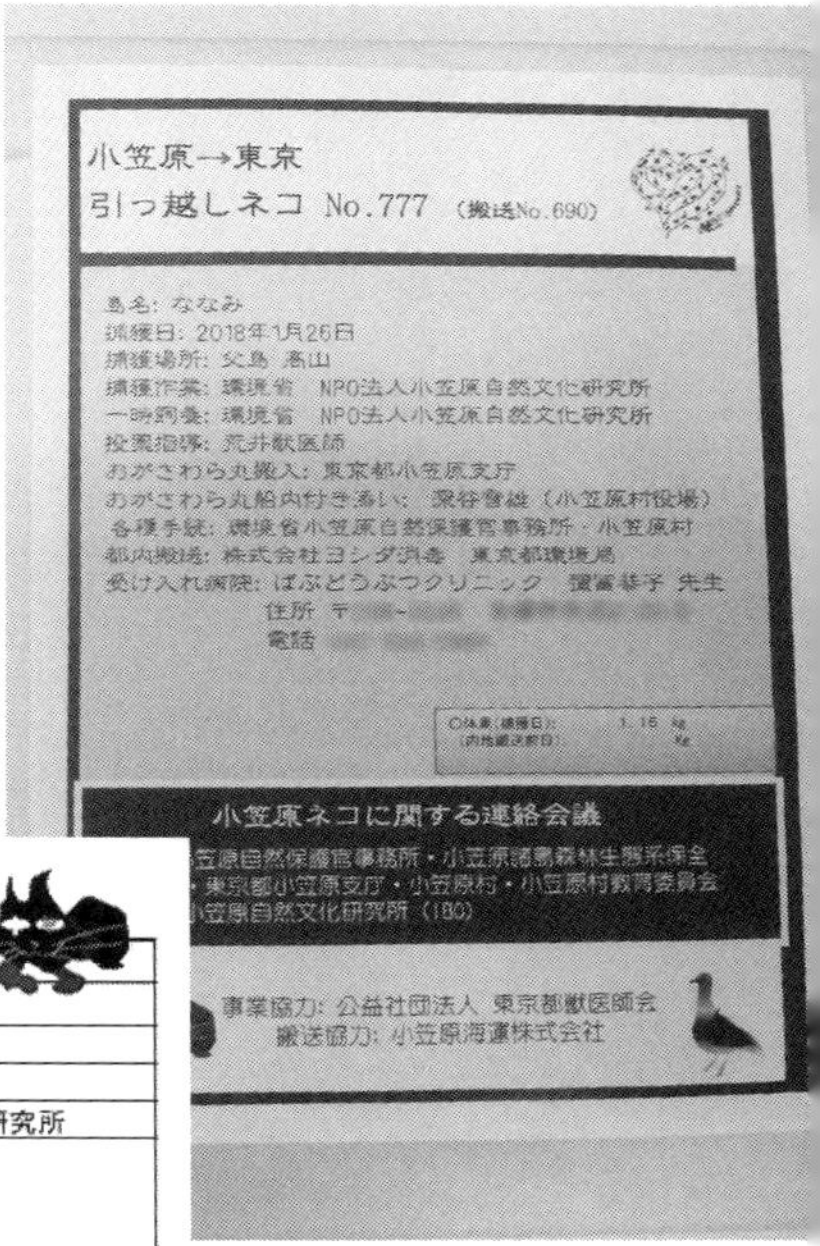

小笠原→東京
引っ越しネコ No.777 （搬送No.690）

島名：ななみ
捕獲日：2018年1月26日
捕獲場所：父島 高山
捕獲作業：環境省 NPO法人小笠原自然文化研究所
一時飼養：環境省 NPO法人小笠原自然文化研究所
投薬指導：荒井獣医師
おがさわら丸搬入：東京都小笠原支庁
おがさわら丸船内付き添い：深谷智雄（小笠原村役場）
各種手続：環境省小笠原自然保護官事務所・小笠原村
都内搬送：株式会社ヨシダ消毒 東京都環境局
受け入れ病院：ぱぷどうぶつクリニック 獲留華子 先生
住所 〒[redacted]
電話 [redacted]

○体重（捕獲日）： 1.15 kg
（内地搬送前日） kg

小笠原ネコに関する連絡会議
笠原自然保護官事務所・小笠原諸島森林生態系保全
・東京都小笠原支庁・小笠原村・小笠原村教育委員会
小笠原自然文化研究所（IBO）

事業協力：公益社団法人 東京都獣医師会
搬送協力：小笠原海運株式会社

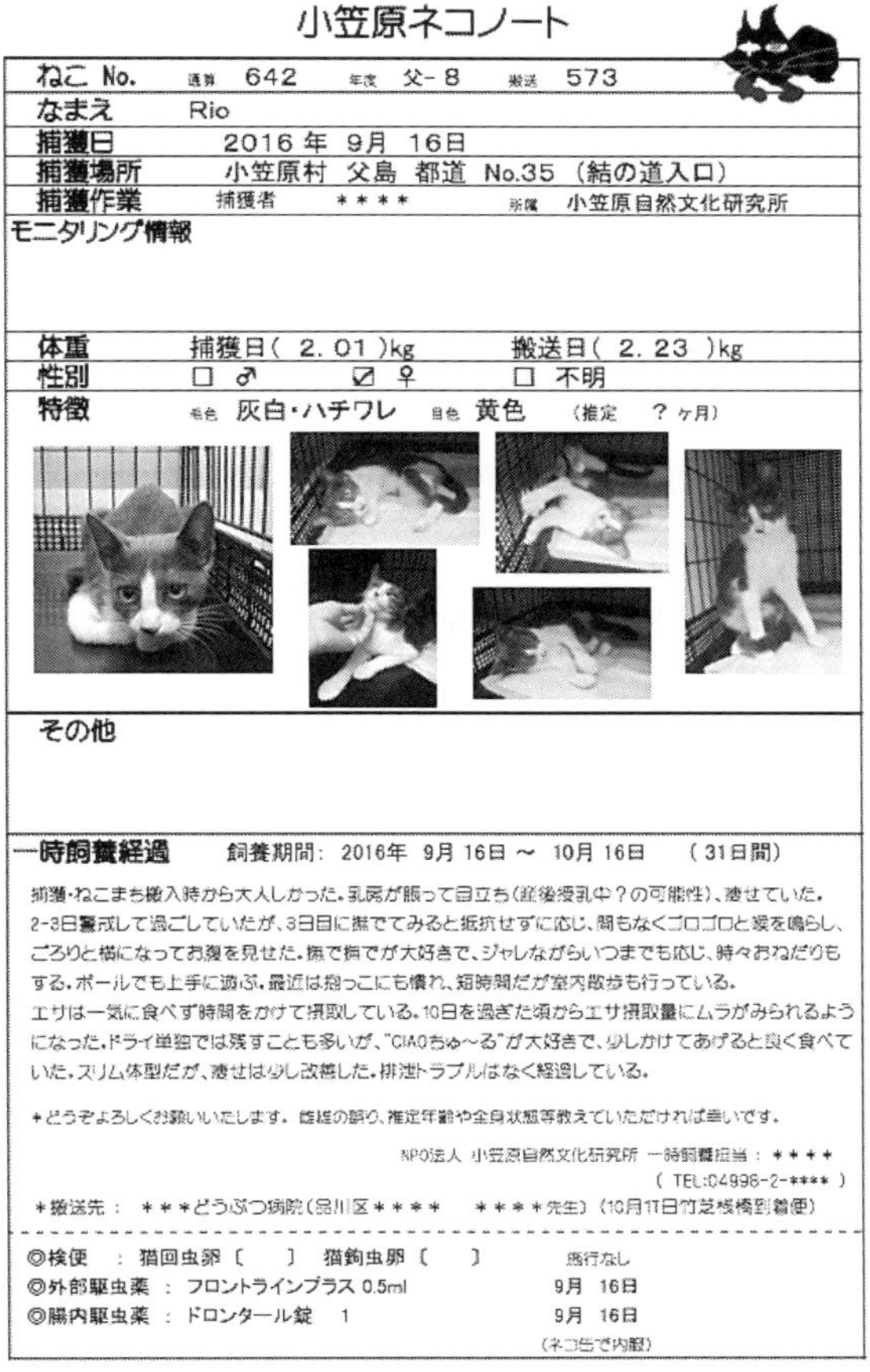

小笠原ネコノート

ねこ No.	通算 642	年度 父-8	搬送 573
なまえ	Rio		
捕獲日	2016 年 9月 16日		
捕獲場所	小笠原村 父島 都道 No.35（結の道入口）		
捕獲作業	捕獲者 ＊＊＊＊	所属 小笠原自然文化研究所	
モニタリング情報			
体重	捕獲日（ 2.01 ）kg	搬送日（ 2.23 ）kg	
性別	□ ♂	☑ ♀	□ 不明
特徴	毛色 灰白・ハチワレ	目色 黄色	（推定 ？ヶ月）
その他			

一時飼養経過 飼養期間：2016年 9月 16日 ～ 10月 16日 （31日間）

捕獲・ねこまち搬入時から大人しかった。乳房が張って目立ち（産後授乳中？の可能性）、痩せていた。2-3日警戒して過ごしていたが、3日目に撫でてみると抵抗せずに応じ、間もなくゴロゴロと喉を鳴らし、ごろりと横になってお腹を見せた。撫で撫でが大好きで、ジャレながらいつまでも応じ、時々おねだりもする。ボールでも上手に遊ぶ。最近は抱っこにも慣れ、短時間だが室内散歩も行っている。
エサは一気に食べず時間をかけて摂取している。10日を過ぎた頃からエサ摂取量にムラがみられるようになった。ドライ単独では残すことも多いが、"CIAOちゅ～る"が大好きで、少しかけてあげると良く食べていた。スリム体型だが、痩せは少し改善した。排泄トラブルはなく経過している。

＊どうぞよろしくお願いいたします。雌雄の誤り、推定年齢や全身状態等教えていただければ幸いです。

NPO法人 小笠原自然文化研究所 一時飼養担当：＊＊＊＊
（ TEL:04998-2-＊＊＊＊ ）
＊搬送先： ＊＊＊どうぶつ病院（品川区＊＊＊＊ ＊＊＊＊先生）（10月11日竹芝桟橋到着便）

◎検便 ： 猫回虫卵〔 〕 猫鉤虫卵〔 〕 施行なし
◎外部駆虫薬 ： フロントラインプラス 0.5ml 9月 16日
◎腸内駆虫薬 ： ドロンタール錠 1 9月 16日
（ネコ缶で内服）

写真上：東京へ搬送する際キャリーに添付する書類。このネコは七七七匹目なので"ななみ"と名付けられた（提供：環境省小笠原自然保護官事務所）
写真左：同じく搬送先の動物病院に渡すネコの情報シート（提供：環境省小笠原自然保護官事務所）

られないのだ。

やひざに駆け上って甘えたりする子ネコもいる。石間にもそんなネコとの別れは平静ではい

「おがさわら丸」にネコのキャリーを運び入れるのは東京都の職員の担当だ（ネコ連では参加組織がそれぞれ役割を持っている）。出港日、「ねこまち」にやってくるその担当者が来る前に、送り出すネコを一匹ずつ抱きしめ、名前を呼びながら話しかける。

「ウルル、元気でね。もう安心だからね。内地でもいっぱいかわいがってもらってね……」

ふと見ると、彼女の目からはポロポロと涙がこぼれていた。しかし、最後の一匹に話しかけ終わると涙を拭いてすぐに立ち上がった。

「これをちゃんとやらないと切り替えできないんですよ。さあ、もう大丈夫。車で港まで行ってきます」

こうして石間は何百回となく島のネコを見送り続けてきた。

「いつか、もう送るネコがいなくなったら私の仕事も終わります。さびしいけれど、その日が早く来なければいけませんね」。

ネコは外来種問題ではないと彼らは言った

ところで今（二〇一八年）、聞かない日はない言葉の一つに「外来種」がある。テレビのエンターテイメント番組でも取り上げられ、人々の会話の中に普通に「外来種」という言葉が出てくるし、そのときにはセットで本来の生態系を破壊する「悪」という言葉がくっついているように思う。

私が島に住んでいた二〇〇九年〜二〇一〇年はちょうど小笠原が世界自然遺産登録への動きが一番激しかった頃で、このときもちょうど今の日本全体と同じように、外来種が小笠原の自然を圧迫している、外来種は排除すべき問題という言葉や、ある種スローガンが日常的に蔓延していた。

小笠原が世界自然遺産の候補地になったのは二〇〇三年。環境省と林野庁による「世界自然遺産候補地に関する検討会」で白神山地、屋久島の次の自然遺産候補として選ばれた。同じ候補として知床と琉球諸島があり、国はまず知床の登録に向けて取り組みをはじめ、知床は二〇〇五年に登録された。小笠原はこの時点で「この自然をどう守るのか＝自然担保措置の強化（法による規制の強化）」と、「外来種対策」という二つがすでに課題になっていた。

固有の自然に影響を与えている外来種は何種もあった。小笠原では世界自然遺産登録に向けて有識者で構成された「科学委員会」を設置して、登録を目指す二〇一〇年までにどの外来種を先に対策していくか議論して決定していった。小笠原の自然に影響を与えている外来種はたとえば昆虫を食べるグリーンアノール（トカゲ）、植物を食べるノヤギ（野生化したヤギ）、アカギ（植物）、クマネズミ、ウシガエル、ノブタなどだった。

それぞれに対して、結果を出すために対策が取られていった。対策とは、具体的に言うと、駆除である。そもそも外来種は自分で望んで小笠原にやってきたのではなく、人間の活動に伴って、荷物に紛れ込んだり意図的に持ち込まれたりしたものなので、そもそもの原因は人間にある。だから始末をするのも人間がやるしかないとはいえ、命を絶やすことに対しての抵抗は当然ある。

私が島に住んでいた頃は、そんな抵抗感を主体にした苛立ちや悲しみ、諦めのようなものが住民同士の会話にもあらわれていた。

科学委員会には堀越も名を連ね、堀越が出席できないときは鈴木が代わりに出席することもあった。外来種対策についてどのような方法で行うべきかも議論の俎上に乗っていた。どの外来種をどの順番で駆除していくかは微妙な問題で、すでに外来種を餌としている固有種

もいるので、簡単に決められることではなかった。そうした経緯から、

「どの生きものは殺し、どの生きものを残す。それを人間が決める事ができるのか？　研究者は神なのか？」

と、島内で揶揄されることもあった。

そういう重苦しい中で、ノネコの対策だけは鳥もネコも幸せになる稀な事例を作れたのだ、と私は解釈していた。ところが、当時のことを改めてアイボのメンバーと話していた時に、思いもかけない言葉を聞いた。

「結局、俺たちはネコ問題は外来種問題ではないと思ってやってきたから」

どういうことなのだろうか。小笠原固有の希少な鳥を襲い、絶滅させかねないネコの行動は外来種問題ではないのだろうか？

「生物としては、小笠原にとってネコは外から入ってきた外来種であることは間違いない。でも、ネコの問題は人間の努力で完全に防げるから、外来種問題ではなく人間との関わりの問題だって気がついた」

「ヤギやブタは駆除していなくなったあと、再び人間によって持ち込まれたりしても、もうこの先野に放たれて野生化するようなことはないと思う。でも、ネコは人が住む限り島からいなくならない。ずっと、人と一緒に暮らす動物なんです。ということは……。飼い方を変えない限り、この問題は終わらない、逆に言えばそこを変えれば終わらせられる問題なんです」

彼らは口々に言った。


それでも、南崎の事件で初めてネコ問題に取り組んだ当初は、今、世の中で言われている「外来種問題」という概念で解決したいと考えていた。もともとこの島にいなかった生物（ネコ）が持ち込まれ、世界でも貴重な小笠原の自然に大きな影響を与えている。だから、問題となっているものを取り除かなければならない、そういう文脈で住民に説明し、解決しようとした。

「でも、細かく問題を分解していくと、それでは結局解決できないことが分かったんです」

ネコにいなくなってもらおうと思ってやることはまず捕獲。しかし捕獲をしても〝蛇口締め〟、つまり集落から山に入ってくる飼いネコやノラネコをなくさなければ、永遠に捕獲し続けなければならない。山からノネコをゼロにすることもできないだろう。

「山での捕獲と、集落でのネコの飼い方の徹底、これを両面でやらない限りダメなんだと。では、集落で何が問題になっているのか？　山での捕獲はどうやるのが効率的なのか？　こんがらがっている問題を紐解いて、一つ一つ、俎上に載せて分析し、対策を考えて実行していかなければ永遠に終わらないことに気がついて、ああ、ネコ問題は外来種問題で説明してもダメだと分かったんです」

たとえば蛇口を閉めるためには何をしなければならないか？　そのためには、今、島に何匹の飼いネコがいるのか、飼い主がいて村に登録しているネコと、されていないネコは何匹なのか、飼い主がいないけれど集落をうろついて誰かに世話されているネコはいるのか、いたら誰かが餌やりなどで関係しているのかどうか……など、人間と関わりのあるネコの状況を把握しなくてはならない。

鈴木や佐々木、石間はネコを外飼いしている人や、餌を与えている人一人ひとりと対話を積み重ねた。そうしてみると、誰一人「ネコは可愛いけど鳥はどうでもいい」という人はいなかった。話してみてはじめてそれが分かった。こうして対話を積み重ねたからこそ、協力者が増え、飼い方を変えていく人も増えていった。そして、集落を歩いているノラネコはすべて把握され、身元不明なノラネコはいなくなった。さらに避妊・去勢も父島で九六パーセント、母島で一〇〇パーセントとなり（二〇〇九年のデータ）、外を歩いているネコが子ネコを生むことはなくなった。

飼い主にもこの島でのネコの飼い方を情報提供する必要がある。できれば獣医師から説明してもらったほうが飼い主もいろいろ質問できていいだろう。そこで東京都獣医師会の先生をまねいて島ネコ懇親会を開催したり、動物診療の際に話してもらったりするようにした。

そして捕獲。山のあちこちに設置したカメラの映像からノネコ移動経路を推測したり、全体の数を推定したりした。加えて、アカガシラカラスバトの営巣地に対しては、繁殖期に捕獲カゴの数を一気に増やしたりと、経験と科学的なデータをかけ合わせての捕獲作戦を立てていった。

結局こうして一つ一つの問題をばらしていき、対応策を考えてみると「ネコが起こしている問題は人間が防げることだ」ということが明白になったのである。

小笠原ではネコは生物として「外来種」だ。しかし、ノネコが起こしている問題の解決は、人間の努力でできる。この小さい島に暮らす一人ひとりの。

マイケルを引き取るとき小松獣医師が言った言葉通りだ。

「一人の獣医師としてやれることをやります」

一人の獣医師として。

一人の島に暮らす住民として。

一人の飼い主として。

それぞれができることがかならずある。なぜなら、自分たちが選んだ「人も、ネコも、鳥も一緒に暮らす島でありたい」未来を目指しているからだ。

アイボの三人は言う。

「島に住む人間がこの島でどんな未来を作りたいか。結局はここにすべてがあります」

お前たちは神なのかという言葉が心に引っかからなかったわけではない。だが、アイボでは見ていたのは外来種ではなく、守るべき保全対象種だった。彼らを守るために何ができるか？　そのために最大限の力を注いできたので、その言葉にとらわれることはなかった。

アイボでは、ネコの問題に踏み込んだマイケルの時から、話し合いや講演会で伝えている言葉がある。

「海鳥とノネコの出会いは不幸な出会い、でも出会わせてしまったのは私たち人間。解決できるのも、人間だけ。だから、どうやって解決するかをこの島で、みんなで考えてやっていこう」

自分たちも、その中でやれることを考えて動いてきたのだと彼らは言う。そして、同じようにたくさんの島の人たちが一緒に動くようになった。

だから、現在も山で生息しているノネコは別として、小笠原ではネコ問題は外来種問題ではないのである。

父島・母島地図

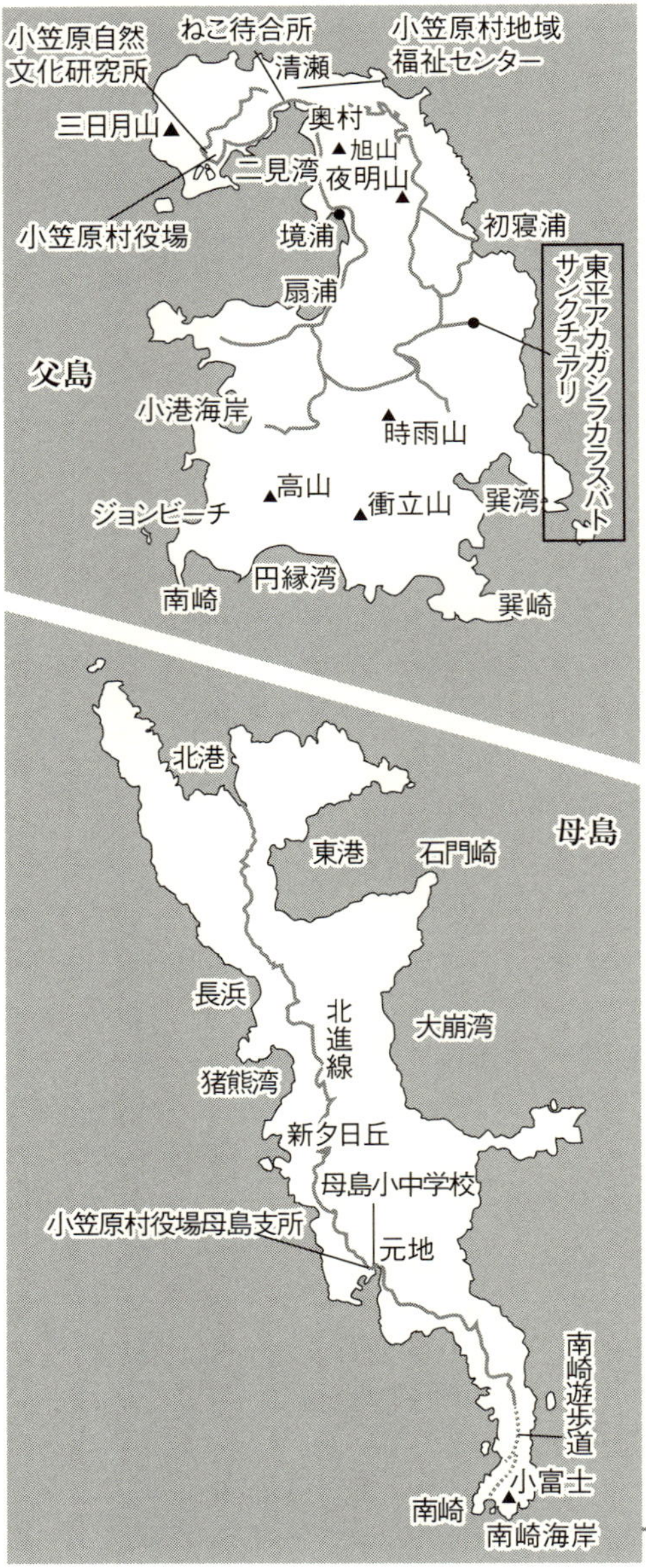

ただ、これが可能だったのは小笠原のサイズもある。住民の顔が見える密度の濃いコミュニティ、面積が小さく、多くても数百であろうと推測できたノネコの数。これが万単位の数だとしたら、事情は変わっていたかもしれない。

今の小笠原スタイルは小笠原という地域特性だから結果を出せた。別の場所だったらまた別の問題があり、別の分析と対策が生まれるだろう。

3

幻のハト、あらわる

小笠原・世界自然遺産に登録される

二〇一一年六月。パリで開催された第三十五回世界遺産委員会で小笠原の世界自然遺産登録が確定した。これで白神山地、屋久島、知床に次いで日本で四番目の世界自然遺産登録地となったのである。

本来は世界遺産というものは「未来の子孫に残すべき貴重な遺産を守る」ための約束のようなものなので、観光資源が増えたという話ではないのだが、もちろん注目度は高くなる。小笠原への観光客は、ずっと約一万三〇〇〇～一万四〇〇〇人前後だったところ、登録された二〇一一年は二万一八五四人、二〇一二年は二万二六四三人と、これまでとは比べものにならないほど増加した。

この時期に集中した観光客はニュースや新聞報道で小笠原という島の存在を初めて知った人も多かったが「世界が認めた自然はどんなものなのか」と自然を見に来た人も多かった。外来種対策として東京で「おがさわら丸」乗船時、また母島で「ははじま丸」下船時には海水シートで靴の裏を洗い、小笠原にしか生息しない陸産貝類を捕食するプラナリアが靴裏の土によって運ばれることを防ぐようになったり、小笠原が海洋島であるがために特別な自然

父島で最も賑やかな海岸、前浜に現れた若鳥（提供：小笠原自然文化研究所）

を持った島であることも広く知られるようになったのは、やはり世界自然遺産の登録効果が大きかっただろう。

こうした島全体が沸き返るような状況の中、変化は突然起こった。

最初の兆しは二〇一一年だった。

今まで見ることがほぼなかった若鳥が出現し始めたのである。山の中で巣立ったあと、次に見るのは成鳥という状況が続いた中、今まで見ることがなかった若鳥が現れたことに堀越も鈴木も佐々木も驚いた。しかしこれは予兆に過ぎなかったのだ。

そして二〇一二年はさらに驚きの連続となった。またも若鳥出現。それだけではなく、なんとあちらこちらに群れとなって出現したのである。しかも季節は夏。これまではアカガシラカラスバトが見られるのは冬の山の中で、成鳥に限られていたのにである。

「二〇二一年に驚いたのは、父島で一番賑やかな大村地区にある前浜海岸に現れたことです。海岸の手前に海岸林が植わっているのですが、その下に数羽が出現。海岸沿いの道路際や、扇浦の海岸、南島にも現れて、今までの調査で標高二八〇メートル以上の山にしか出ないと考えていた常識を覆されました」（堀越）

驚いたのはアイボだけではなく島の人たちも同様である。幻のハトがいきなり、自分たちの生活圏に出没したのである。人々は息を詰めながら目の前で動くアカガシラカラスバトを見つめた。アイボには毎日のように、

「うちの庭にあかぽっぽがいる！」

「畑の農業小屋に毎日やってくる。ホースで畑に水を撒くとトコトコ歩いて可愛い」

「鳴き声がした気がしてそっちを見たら、木の枝に止まってた」

と、連絡が来る。そのたびにアイボはカメラを抱えて見に行き、行動を観察した。

「チェックすることはまず、足輪が付いているかどうかですね。付いていたら写真を撮ってナンバーを確認。あとで記録を見れば、前にどこに出たハトかがわかります。それから、ハトが何をしているか。まあ、たいてい餌を食べているんですけど、だとしたら何を食べて

母島・主要道路北進線を歩く若鳥の群れ（提供：小笠原自然文化研究所）

母島・グリーンアノールの侵入防止用フェンスの上に止まる若鳥（提供：小笠原自然文化研究所）

電線にさながら音符模様のように止まる若鳥たち（提供：小笠原自然文化研究所）

いるのか。この一連をチェックして記録しておくことが、このあととても重要になります」（鈴木）

観察してもしても次々に「ハトが出た！」と連絡が来る。二〇一二年はさながら〝あかぽっぽフィーバー元年〟となった。夏はそれまでアイボにとってアカガシラカラスバトの調査は一休みの時期だったのに、休む間もなく次から次へと出現情報が来る。

ところがこれはまだ前哨戦に過ぎなかったことがわかったのは翌年だ。二〇一三年夏の出現数は八〇を超え、それも若鳥ばかり。逆に成鳥の姿はどこにもなかった。

若鳥は成鳥とは違う姿をしていることが分かったのもこの頃である。成鳥よりも細くスマートで、成鳥だと赤い頭も黒、構造色が美しい虹色になる首も黒、全身黒っぽく、頬がコケていて、くちばし全体も黒い。

この様子から、ある子どもが口にした言い得て妙な「くろぽっぽ」が若鳥の愛称になった。車道に群れをなして歩くくろぽっぽ。電線に音符のように止まるくろぽっぽ。母島の、オガサワラシジミというチョウをグリーンアノールの食害から防ぐための侵入防止柵の上に一列に並んで止まるくろぽっぽ。

「なぜ、こんなところに、しかも群れで！」

島の人は「幻の鳥が今年も来た！」と喜び、アイボは確認のため走り回り、さながら島中がくろぽっぽに右往左往させられているような状態だった。

しかしこれが山でノネコを捕獲したことと直結しているかどうかはまだなんとも言えないとアイボでは考えていた。

ところが、以前から東平や中央山などで行ってきた調査のデータが答えを導いてくれた。今まで一年に一回、一つの卵を産むと考えられていたアカガシラカラスバトが、複数回繁殖

父島でのアカガシラカラスバト目撃事例（2009～2013）（提供：小笠原自然文化研究所）

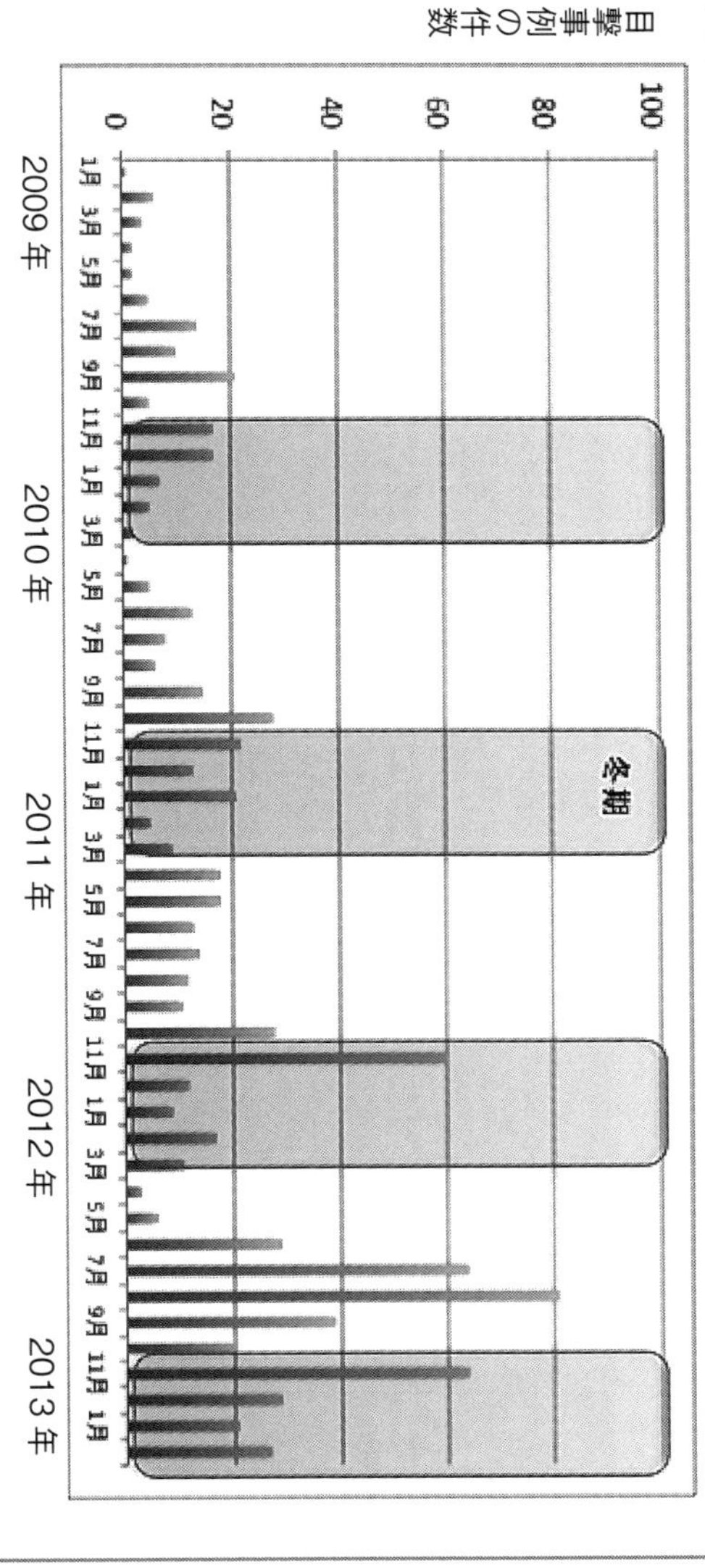

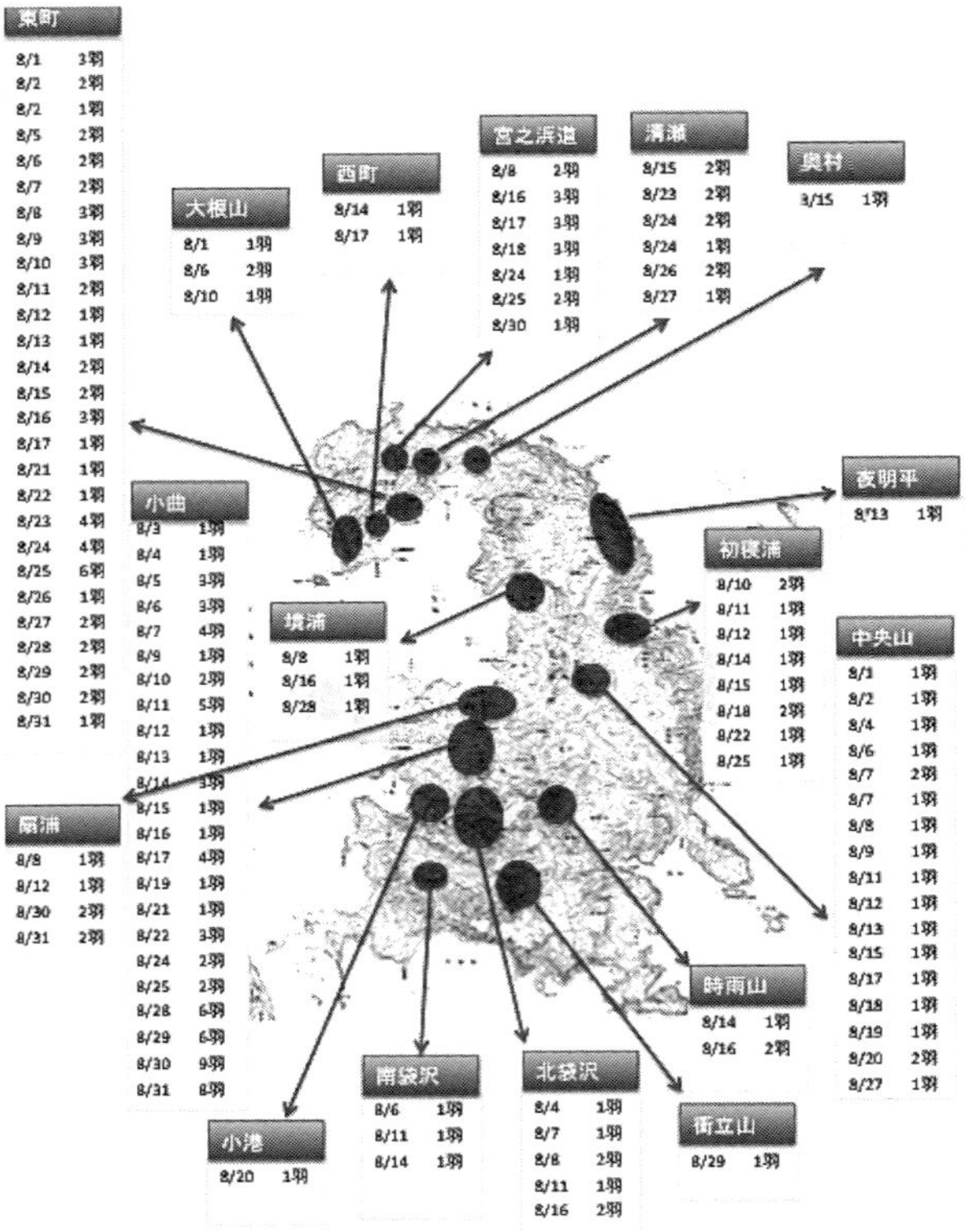

2012 年 8 月
宮之浜道　8/8,16,17,18,24,25,30　計 15 羽
清瀬　8/15,23,24,26,27　計 10 羽
奥村　8/15　1 羽
東町　8/1,2,5,6,7,8,9,10,11,12,13,14,15,16,17,21,22,23,24,25,26,27,28,29,30,31　計 59 羽
西町　8/14,17　計 2 羽
大根山　8/1,6,10　計 4 羽
夜明平　8/13　1 羽
初寝浦　8/10,11,12,14,15,18,22,25　計 10 羽
境浦　8/8,16,28　計 3 羽
中央山　8/1,2,4,6,7,8,9,11,12,13,15,17,18,19,20,27　計 19 羽
扇浦　8/8,12,30,31　計 6 羽
小曲　8/3,4,5,6,7,9,10,11,12,13,14,15,16,17,19,21,22,24,25,28,29 30,31　計 69 羽
小港　8/20　1 羽
時雨山　8/14,16　計 3 羽
北袋沢　8/4,7,8,11,16　計 7 羽
南袋沢　8/6,11,14　計 3 羽
衝立山　8/29　1 羽

夏の出現場所の拡大（父島）（提供：小笠原自然文化研究所）
2011 年と 2012 年を比べると、海岸域に多く出現するようになったことが分かる。

2010 年 8 月
奥村　8/16　1 羽
初寝浦　8/30　1 羽
中央山　8/21　1 羽　8/24　1 羽
東平　8/25　1 羽　8/30　1 羽

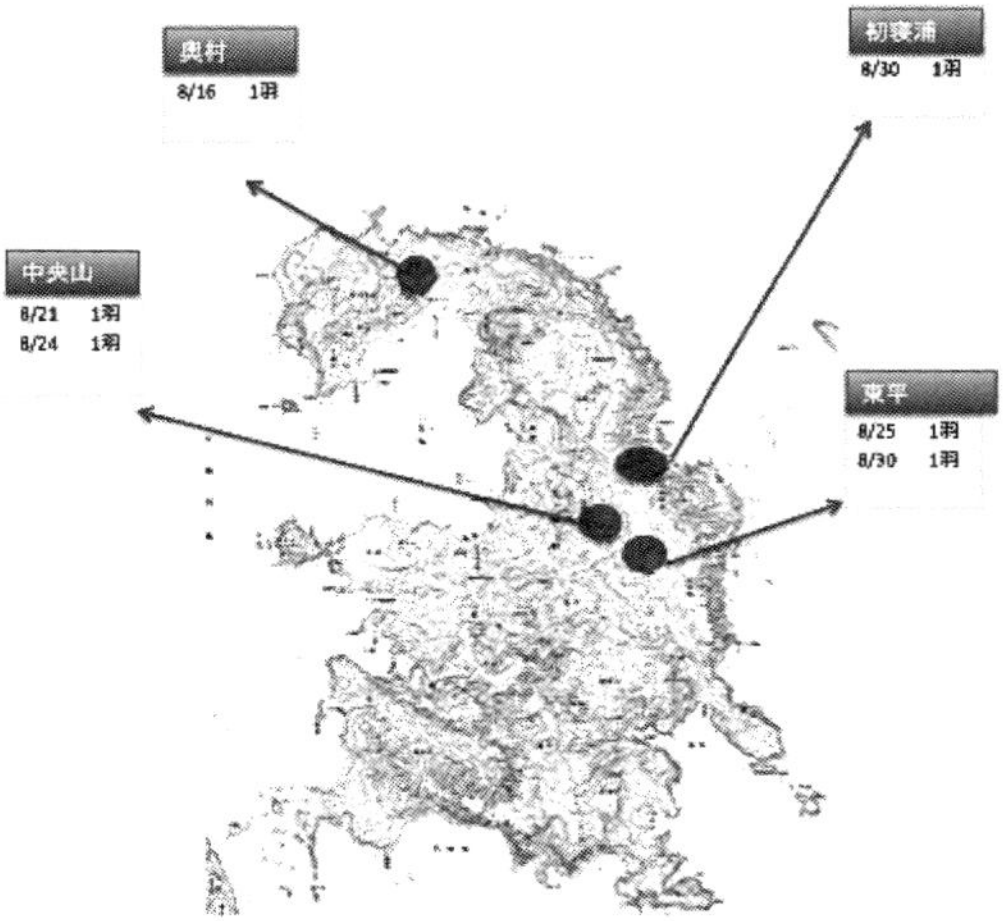

2011 年 8 月
三日月山　8/16　1 羽
夜明平　8/14、20、22　計 3 羽
初　寝　浦　8/6,8,10,14,15,17,19/20,22,25　計 12 羽
中 央 山　8/1,2,3,5,7,9,10,13,17,20　計 11 羽
東 平　8/1,7,10,11,13,16,17,18,19,20,21,22,23,24,25,26,27,28,29,31　計 22 羽
小曲　8/18　1 羽
北袋沢　8/21　1 羽
衝立山《ついたてやま》8/5, 9　計 2 羽

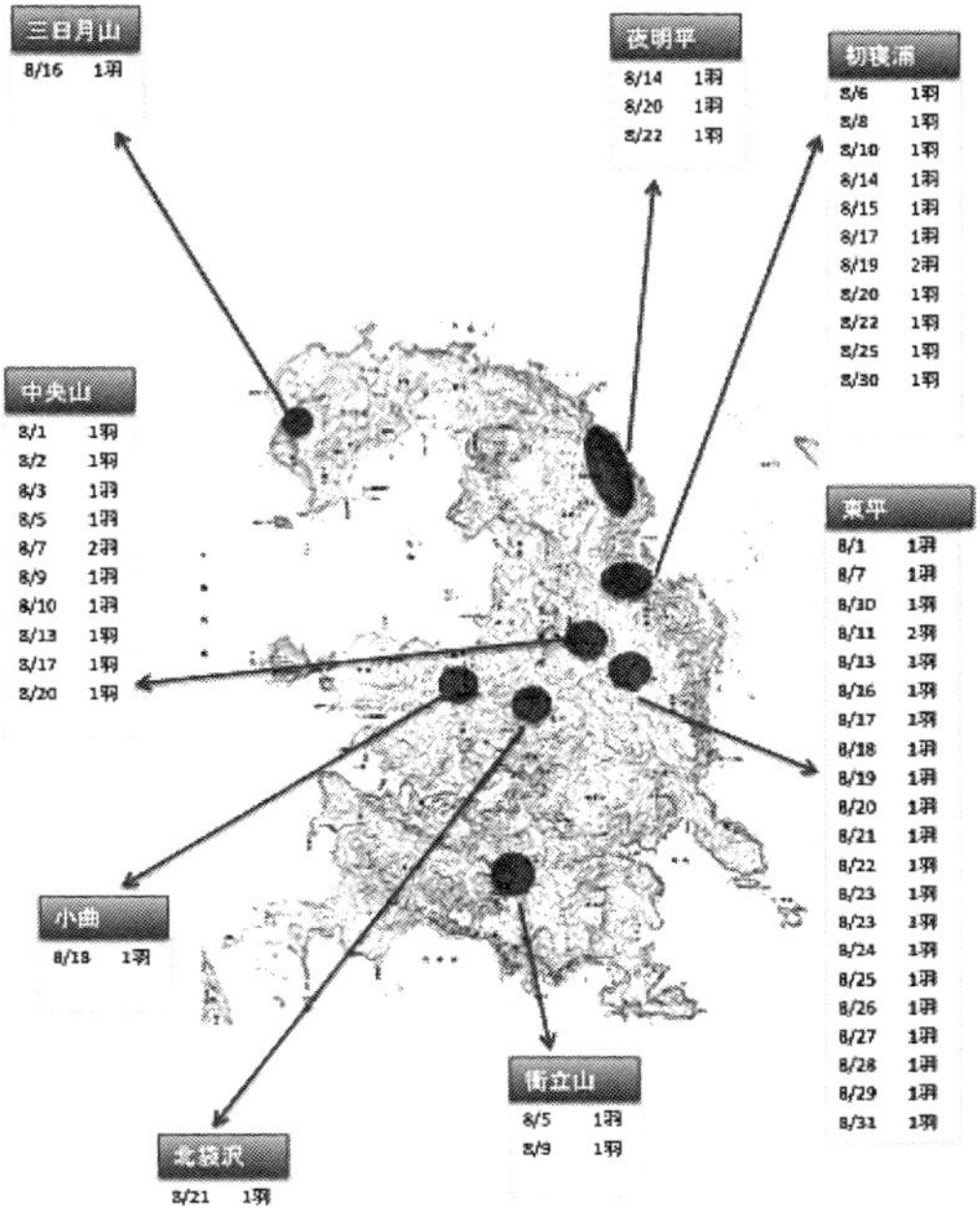

することが確認されたのである。一番多い例ではなんと一シーズンに四回も卵を産んでいる。どうも条件さえ整えば、そもそも二〜三回は繁殖できる鳥らしいのである。当然、孵化するヒナも増えるし、くろぽっぽも増えるわけだ。

「山の中のハトを一番圧迫しているのは間違いなくノネコだとしても、他にも、クマネズミとの餌の競合とか他の要因も絡んでいるのではと考えていたので、ノネコを捕獲したからすぐに結果が出るとは考えてなかったですね。いずれ成鳥がたくさん見られるようになるかな？　とは思っていたかもしれない。でも、その前に若鳥が出てきた。予測をヤツらは次々に裏切って、若鳥が増えるという形で示してくれた」（堀越）

本格的な捕獲から一年で若鳥がポツポツ現れ、二年目には群れ。三年目には大爆発状態での出現。対策をしたとして、こんなに早く反応が出ることは世界でも稀なのだそうだ。

「なぜそうかっていう理由の一つは、やはり小笠原が海洋島で小さい島だからということがあると思います。それと、考えていた以上にノネコがたくさんいたということでしょうね」（堀越）

二〇一一年以前に確認できていた営巣地は棘が鋭いツルダコの中にあった。今思えば、そういう環境以外でも営巣はしていたが、ノネコに襲われていたのかもしれない。ツルダコの中にはさすがにノネコも入れないので、そこが残っていたということなのではないか。

今まで調べていたことが「実はこうだったのかもしれない」という新事実に驚かされる日々が続いた。アイボにとっては目からウロコが何枚落ちても足りない状態だった。

くろぽっぽが海岸に出るわけ

海岸域にくろぽっぽたちが出たことも、最初は首をかしげるばかりだった。それも、人間が住んだり利用したりするような海岸だと、車も走っているしハトにとって危険な要因がたくさんあるのに、なぜ、現れるのか。

これもまた、アイボにとっては「そうだったのか！」と驚きの謎の解明となった。

鈴木たちはかねてからアカガシラカラスバトが何を食べているのかを共同研究者のデータなども基にしつつ調査を重ねていた。それで分かっていたことは、アカガシラカラスバトたちの主食は木の実、特に好むのはシマホルトノキやアコウザンショウ、キンショクダモなどだが、これらは基本的に冬に実をつける植物だ。

しかし、小笠原群島全体の無人島の植生を調べると、アカガシラカラスバトが食べる植物が実をつける時期は少しずつずれていることが分かった。そして、アカガシラカラスバトが島と島の間を何度も行き来している事実を重ねると「アカガシラカラスバトは小笠原群島全体を利用している」と考えられるのだ。実がついている時期に合わせ、自在に島と島の間を移動する、そもそもアカガシラカラスバトはそういう鳥だったのではないか？

ただし、それは経験と知見を持つ大人の鳥が行うこと。夏の間、成鳥が見られないのは、自分が知る餌場へ移動しているからなのではないか？　仮説だが、今持ち合わせている情報からはそんな風にも見えるとアイボでは考えている。

いずれにせよ、彼らを守るためには父島だけ、母島だけを保全するというより、小笠原群島全体を見据えた保全対策をしなければならないということだ。

そして、海岸に出てきたくろぽっぽたち。彼らがなぜここに来たのか。海岸にやってきたくろぽっぽを観察してみると、なんと、今まで食べていることが確認できなかったクサトベラやモンパノキなどの実や、カタツムリの仲間のウスカワマイマイ（外来種）までも食べていることが分かったのである。そう、海岸には夏でも彼らが食べられるものがあったのだ。

人間が暮らす近くの海岸に出てきたのは、そこが肥沃で生産性の高い場所だからではないか。もしかしたらもともと、彼らは夏に海岸林を利用する生きものだったのかもしれない。そういう場所は人間にとっても暮らしやすいので、今は集落が形成されている。つまり、なぜ賑やかで人も車も多い場所に降りてくるのはなぜか？　ではなく、もともとの海岸林目指して彼らは降りてきているのではないか。むしろ降りてくるのが自然なのかもしれない。

もちろん、人間が来る前の海岸林と今はずいぶん異なっているだろう。しかし、空から島を見下ろした若鳥たちにはその地形からかつての豊かな海岸林と変わりなく、「降りれば食べものがある場所」に見えているのではないか？

そういえば、水棲生物の研究者である佐々木に連れられて、住民が多く暮らす都営住宅の背後にある湿地のような干潟を見せてもらったことがある。そこには、小笠原固有のカニたちがひっそりと生きていた。聞けば、その周辺はかつて広大な干潟だったのだという。カニたちにとっては、今は住宅密集地となった場所でも、変わらず自分たちが昔から生きてきた干潟でしかないのかもしれないと感じた。それと、海岸にくろぽっぽが現れたことは似ている。生きものはどんなに上モノが作られ見た目が改変されても、その土地の本質を見抜き、そこが自分の暮らす場所であると分かったら、危険であろうがそこで生きるしかないのかもしれない。

島の人びととアカガシラカラスバトがつながり始めた

そしてもう一つこの〝あかぽっぽフィーバー〟で起きた重要なことがある。幻のハトが連日、自分たちの身近で見られるようになり、生きて動いて鳴いている。住民にとってその驚きは大きかった。

毎朝、前浜のある大神山公園を掃除していた年配の女性は、朝の散歩を楽しむ観光客に「今、この先の樹の下に珍しいハトが来ていますよ、小笠原にしかいないハトですよ」と声をかけるのが楽しみになった。

庭先にアカガシラカラスバトが現れた家では、アイボがそれを聞いて見に行くと「あんなにかわいいのね、明日も来てくれるかしら。あとでハトが歩きやすいように庭を掃除しようと思うの」と話をしてくれる。


保全計画づくりワークショップにも参加した母島のネイチャーガイド梅野ひろみは、「ワークショップ当時、私は母島の山の中で調査の手伝いをしていたこともあって、アカガシラカラスバトの姿を見ていたんです。でも当時見ていたのは成鳥ばかり。二〇一一〜二〇一二年に現れたのは若いハトです。やっぱり、どれだけノネコに襲われていたのかと思いましたね。当時から今まで何が変わったかっていうと、大きな台風が来なくて餌がなくなることがなかったという条件のほかは、ノネコを捕獲したことぐらいですから。ノネコの捕食圧がこれほどあったのかと驚きました」と語った。

そして、普段の会話の中にアカガシラカラスバトの名前がひんぱんに出てくるようになったとも。

「あそこで見たよ、私はあっちで見たなんて会話が交わされて、見ていない人は自分も見たいから『どこにいるの？』なんて情報のやり取りが普通にされているしね。そして、かわいいからやっぱり見ると嬉しくなるんですよね」

一度〝幻のハト〟を見ると、次また会いたくなる。そしてそのためにどうすれば明日も会えるかな、ちょっと庭を片付けようかな、ハトが驚くかもしれないから大きな音を出すものはしまってしまおうかななど、人の生活が変わり始めた。

「ワークショップから五年、この時密かに『やった！』と心で快哉を叫んだのは、前浜に現れたアカガシラカラスバトを、子連れや孫連れで見に来る人たちがいたこと。もちろん、ハトに影響がないようにそっと観察するのだけど、みんなのワクワクした顔を見て『この人たちの今日の夕食の話題は絶対ハトだ』と思いました。夕食の話題にのぼる、それは生活の中にアカガシラカラスバトが入ってきたということです」

当時を思い出して鈴木は語った。その動物と地域の人々のつながりが切れたとき、動物は絶滅へと向かうと言われる。一時はそうなりかかっていたアカガシラカラスバトは、もう一度つながりを取り戻したのである。

南崎にもカツオドリが戻った！

そして、二〇一四年になるともう一つ、アイボやネコ連、さらに東京都獣医師会にとって飛び上がりたくなるようなうれしい出来事がおこった。あの南崎で二〇〇五年以来、初めてカツオドリが繁殖を復活させたのである。いや、このことを一番喜んだのは宮城ジャイアンだったかもしれない。

「カツオドリの親が南崎に来ているのを見たときは『気をつけなきゃ、俺のせいで営巣を放棄されたら台無しだ』と思って、慎重に慎重に行動して。あんまり頻繁に見に行かないようにしていたけど、そろそろヒナはいるのかな、それとも失敗したかなとそわそわしてしまって。しばらく経って様子を見に行ったらヒナがいた。もう、嬉しくて嬉しくて、帰り道は踊りながら歩いていたもんね」

ジャイアンにとってアカガシラカラスバトの増加は「うわっ、なんじゃこれは！」という驚きだけだったが、南崎はずっと監視を続け、ノネコの捕獲を続けていただけに「やった！」という高揚感があった。

「ある日、今日もヒナは無事かな……と思って見に行ったらどうも姿が見えなくて『やばい！　崖から落ちたか、それともノネコにやられたか』ってドキドキしてしまった。そうっと確認したら、真っ白いホワホワの毛のヒナがちんまり座ってるのが遠くに見えて……。よかったあ――……って、腰から下の力が抜けそうになった」

カツオドリは目の前で巣立ちのシーンも見せてくれたという。

「そろそろ巣立ちだという頃、見ていたらブワって飛び立つのが見えた。ああ、これが巣立ちなんだ……と感動していたら、すぐ戻ってきた。何度も何度も飛んでは戻ってを繰り返しながら巣立っていくらしいんだけど、お陰で飛んでいるところの写真も撮れたんだよね」

ジャイアンは帰るとすぐに「絶対に一番待っているはずの人たちだから」と、なんとアイボではなく獣医師会にメールを送った。そして、集落内にいくつかある掲示板にも「南崎にカツオドリが戻ってきました！」と張り紙をした。だんだんとマイケルのときのことをみんなが忘れているように思ったからだ。

（提供：環境省小笠原自然保護官事務所）

もちろんこのできごとはアイボにとっても大声を上げたくなる喜びだった。約十年ごしの取り組みがようやく成果になったのである。いつもは冷静な堀越が、関係者宛に送ったメールから読み取れる隠しきれない興奮がそれを表している。

〈東京都獣医師会の皆様、島内関係者の皆様（CC　小笠原ネコの連絡会議各位、あかぽっぽネットの皆様）

堀越@小笠原自然文化研究所です。今夏（二〇一四）、母島南崎の海鳥繁殖地に、ノネコ被害で消滅したカツオドリの繁殖が復活しました。

二〇〇五年、海鳥二種類（オナガミズナギドリとカツオドリ）の被害が写真確認され、これを機に、母島ではノネコの捕獲・搬送およびノネコ防止フェンス、飼い猫適正飼養など野生動物保全対策が東京都獣医師会／行政／ＮＰＯ／住民の協働作業として継続中です。

これまで南崎の成果として、ノネコ被害がなくなったことで、オナガミズナギドリ（夜間飛来で地中営巣）は二〇巣以上に順調に営巣数が増えており、被害前の状態に戻りつつあります。しかし、カツオドリでは、二〇〇七年に一ペアの営巣（卵は発生途中死亡）を最後に途絶えていました。

この四年間、カツオドリ営巣のデコイ（鳥の模型）で誘引していたのですが、飛来鳥もほとんどなく半ば諦めかけていました。

「地上営巣の神経質なカツオドリでは、だれもいなくなっては、気に入って営巣してくれるペアは簡単にはでないのでは？」

そんな折、ついに、この五月に一ペアが営巣を開始し、今月、彼らのヒナの誕生が確認できました。

少なくとも二〇〇〇年頃までは、カツオドリ親子たちが微笑ましく座っていた母島南崎の情景がありました。このシーンを取り戻すことが、母島でのネコ対策を開始し、進めていく上での関係者の共通目標でした。

「ガー子（カツオドリの島名）がついに帰ってきた」、この喜びを、これまで尽力していただいた皆様と分かち合えれば。

ただし、今回の一ペアが、これからも母島南崎を嫌いにならないよう、安心に営巣できる海鳥繁殖地として、もっと選んでくれるカツオドリたちが増えていくよう、母島ノネコ対策は、島内関係者一同、最後までがんばっていきたいと思います〉。

これは小松獣医師にとっても驚きと感慨を禁じ得ない出来事だった。

「このプロジェクトに関しては、とにかく鳥もネコも救いたい、人間の責任としてやれることをやるしかないという思いでスタートしたけれど、どのくらいで結果が見えるのか、本当に鳥もネコも守れるのか、分からないことはたくさんありました。マイケルを引き取ったときだって、内心『あんなに荒れ狂っているノネコを馴化できるかな』という不安もあったんです」

でも、やってみなければ分からない。やってみたらマイケルも、同時にやってきた三匹も数カ月ですっかりペット並みの人なつこいネコに変身した。そのあとに続く、父島の本格的な捕獲に伴って、大量のネコを引き取り続ける目的はネコと希少種、両方を救うことだったが、受け取るネコの数が増えるごと、結果が見えないことに一抹の不安がよぎっていった。

本格的に捕獲を始めてから五年目あたりでは、捕れるネコの数は減らないのに希少種も増えていない状況が続き「やってももうムダなのでは?」という声もささやかれるようになっていた。だが、それでもプロジェクトは動いている。事業として年数が決まっているという事情のほかに、関わっている誰もが「何かが変わる瞬間が来る」と胸の中のどこかで信じていたからだ。

「二〇一二年には小笠原から『アカガシラカラスバトが増えています』と写真付きのメールをもらったんですが、その時もやっぱりというよりは『ええっ⁉』という驚きがありました。南崎については十年ですよ。決して短い時間じゃない。アカガシラカラスバトに関しては保全計画づくりワークショップから七年目です。これだけの時間をかけて一気に状況が変わったときの驚きはずっと忘れられないでしょう」

地球温暖化でも何でも、問題を防ごうと行われている取り組みはすぐに成果は出ないし、時には逆行しているように思えることもある。でも、やり続けることによって、ある日舞台が反転するかのように一気に自体が好転することがある。

「それを信じてただ一生懸命に地道に努力し続けること、そうすると突然良くなることがある。それは希望ですよね。環境問題ってそういうことなのかもしれません」

解けていく謎と解けない謎――アカガシラカラスバトの生態

二〇一一年から二〇一三年のフィーバーまで、今まで見ることのなかったくろぽっぽたちの観察を続ける中で、新たな発見がいくつもあった。

姿を見せてくれた若鳥たちは、いろいろなことを教えてくれた。若いうちは頭が赤くなく、全体的に黒っぽいこと。最初は全身黒く、成長に従って胸の構造色の虹色も均一ではなくモザイク状になり、やがて虹色に光ること。くちばしの先がクリーム色にならず黒いこと。全体的に細く、顔の部分はほおがこけているような感じでゴツゴツして見えること。尾羽の先が成鳥は丸くなっているのに対してとがっていること。

くろぽっぽはいつあかぽっぽになるのかも今までは全く分かっていなかったが、ヒナの時に足輪をつけた通称「オレンジの6」は、七月の二週目に巣立ち、三カ月後に再度目撃されたときにはほぼ親と同じ羽の色になっていた。こうして、突然の増加とともに今まで空白だった謎の生態についても一つ一つ扉が開かれていったのである。

しかし、今もまだ仮説さえ立てられない謎はいくつもある。二〇一三年に一度だけ、母島で若鳥たちが集団ねぐらを作ったことがある。大木の五〇メートル四方に集まって、夜、最高で五〇羽ほどが枝で寝ていた。朝になると電線に集合し、三々五々いなくなり、夜になるとまた同じ木に集まっていたという。十日間ぐらい続いたが、この時限りの行動で、若い鳥たちが本来はそうしているのか、たまたま何かの理由で集まっていたのかは定かではないという。

そして最大の謎は「アカガシラカラスバトはいつ、どのように飛んでいるのか」ということだ。足輪の番号から父島～母島間の五〇キロは言うに及ばず、今までで確認された最長記録は父島から北硫黄島までの約二三〇キロもの距離を飛んでいることが分かっているのに、海の上を飛んでいる姿は今まで誰一人見たことがないのである。いつ、どのような飛び方でどこへ向かって飛んでいるのか。思っているより上空を？　単独で？　それとも何羽かが連れ立って？

アカガシラカラスバトの島間移動

確認された島間移動

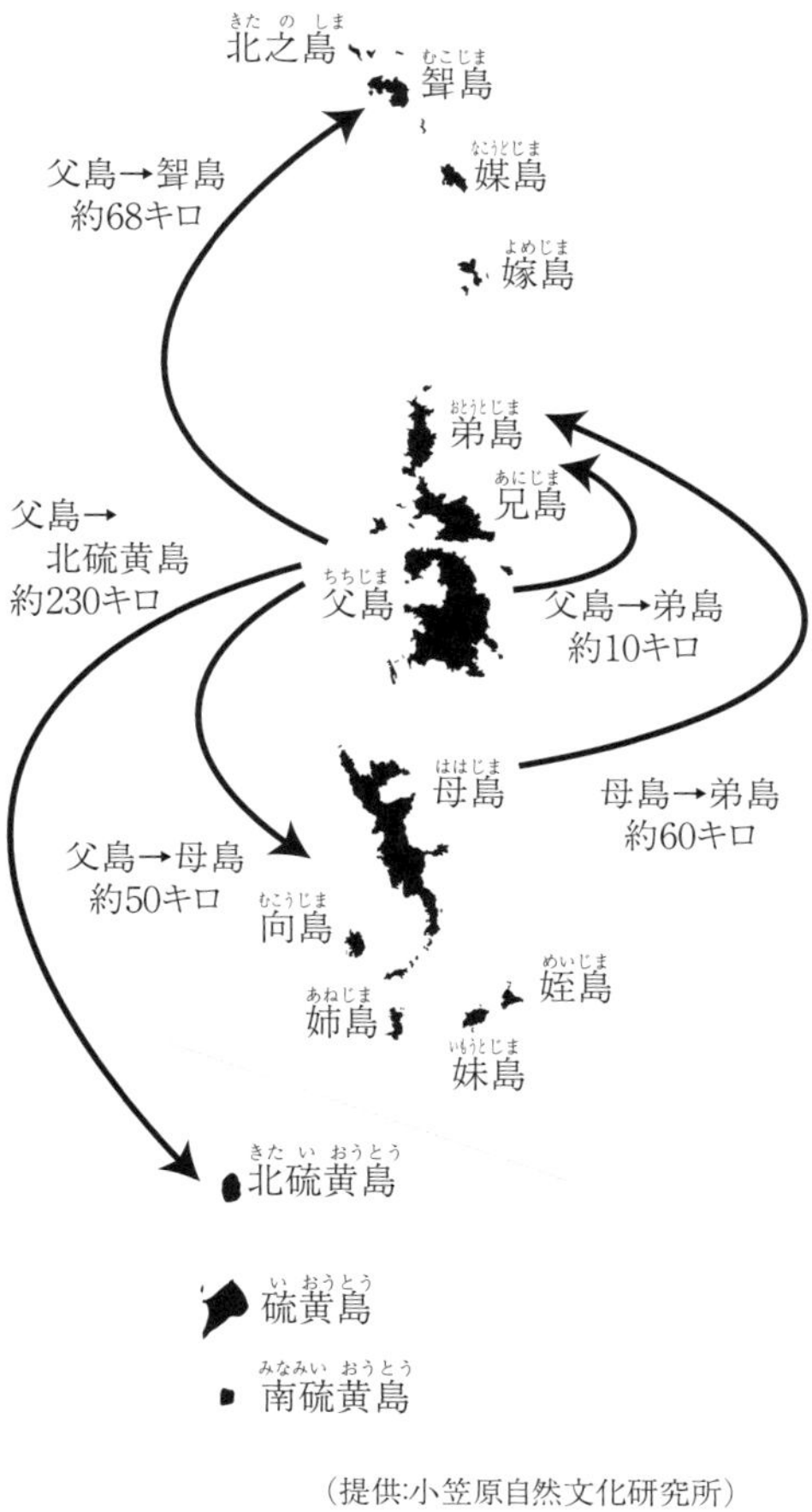

（提供:小笠原自然文化研究所）

アカガシラカラスバトがどんな目線で洋上はるか遠い島々を見据え、どんな思いで飛んでいくのかを知ることはできないが、彼らにとってはそれはちょっと足を伸ばしたぐらいの、ご近所感覚なのかもしれない。「お腹が空いたからちょっと遠くまで行ってみるか」というぐらいの感じで一〇〇キロぐらい平気で飛んでしまうのかもしれないが、本当のことはアカガシラカラスバトになってみなければ分からない。

もしかしたら人間には想像できない感覚器官があって、たとえば山のてっぺんにアカガシラカラスバトがいたとして、そこから見えているものは人間とは全く違う景色なのかもしれない。人間に身近なドバトでさえ、計り知れない感覚を有している。たとえば、カナダの動物行動学者の研究によれば、ドバトは餌をくれる人を歩き方の特長で把握していて、一・五キロ以上離れている場所から見分けることができるそうだし、四〇キロ先までも見通せる視力を持ち、正面だけではなく視界の周辺部もよく見えるそうだ。アカガシラカラスバトについてこのような研究がなされたことはないので、もしかしたら彼らは二〇〇キロ以上飛ぶためのとてつもない能力を秘めているかもしれないのである。

とどまって餌の奪い合いに力を注ぐのか、降りて休憩する場所もない洋上を飛び続け、体力を使い果たしてもたどり着いた先に餌がある可能性に賭けるのか。どちらもかなりのリスクを持った選択だ。そして飛ぶと決めた個体は、いつ、どんな時に飛び立つのか。海もまだ眠っているような朝靄の中か、空気がクリアになった日中か。想像はふくらむばかりだが、彼らにはこんな感傷は一切ないだろう。どちらかの道を進まなければ、生きていけないのだから。

それでもやっぱり「飛ぼう」と決めた最初の一羽の勇気を思わずにはいられない。ファーストペンギンもそうだけれど、生きるか死ぬか分からない未知の環境へ飛び込んでいく、彼らを突き動かすものはなんなのだろう。

そこについ、百八十八年前にエンジンもないスクーナー船で、これからどんな生活が始まるかも分からないまま、六〇〇〇キロ以上も離れたホノルルから船出した小笠原の最初の定住者を重ね合わせてしまう。危険も顧みず飛び込んでいくその胸の中にどんな思いがあったのだろうか。

危機一髪が島中で

こうして〝あかぽっぽフィーバー〟に沸き立った小笠原では、同時に痛ましいことも起こった。人びとの努力でアカガシラカラスバトが人前に姿を現したとたん、さまざまな危険に見舞われることになってしまったのである。

「アカガシラカラスバトがネコに襲われて重症だ！」

とんでもないニュースがアイボに飛び込んできたのは二〇一二年八月十六日のことだった。しかしそれは山の中の話ではなかった。父島の集落での話だったのである。山の中では捕獲が進み、ネコに襲われる危険は以前に比べれば激減し、その結果アカガシラカラスバトが人前に姿を現しはじめたわけだが、逆に集落域ではまだ全ての飼いネコが室内飼いされるようになったわけでも、飼い主不明のノラネコがゼロになったわけでもなく、いわば目標に向かっての移行期だった。その状態の中、アカガシラカラスバトがかつての海岸域＝集落に降り立ってしまったため、外を歩いていたネコに襲われてしまったのである。


「こらっ！　何してるんだ！」

その状況を見ていた海岸沿いにある商店のスタッフは慌ててネコを追い払ったが、アカガシラカラスバトは傷を負ってしまった。そのあとすぐにアイボに連絡が来たのである。

平身低頭で傷を負ったアカガシラカラスバトを引き取りに行き、段ボールに入れ保健所に電話をした。当時、小笠原にはこのような野生動物の怪我の治療ができる獣医がいなかった。そこで、保健所の家畜専門の獣医師に協力を求めたのである。

獣医によるとハトは予断を許さない状況だという。鈴木と堀越は東京都を通して上野動物園へ連絡を取った。ワークショップが契機になり、島内では手に負えない怪我や病気の個体を東京の動物園で治療するという連携も取れるようになっていたのである。

小笠原からハトを運ぶ手段は約六日に一便就航の「おがさわら丸」に乗せるしかない。しかしこのときは運良く出港日がすぐだったので、堀越が付き添って「おがさわら丸」内での世話をし、到着後すぐに上野動物園に連れて行くという方法を取ることができた。上野に着くと同時にすぐに手術室に運ばれたこのアカガシラカラスバトは、獣医師二名が二時間に及ぶ手術を施し、幸いにも命を取り留めたのである。ただし、野生に復帰するのは難しい状態であったため、そのまま上野動物園に残ってファウンダー（飼育下繁殖を行う野生個体）となることになった。

このハトが現れた場所は海岸沿いの公園になっている。夏場の貴重なえさ場なのである。そのため、怪我したハトが上野に送られた後にもたびたび若鳥たちが公園にやってきた。気がつくと公園内部に数羽の若鳥がのんびり歩いていて、それに気がついた住民や観光客がカメラ片手にハトたちを取り囲むような事態も発生してしまうようになった。

これではせっかく増えたアカガシラカラスバトに過大なストレスを与えてしまう。ネコ連で連絡を取り合い、とりあえず工事現場にあるようなトラテープとコーンを設置し、人間が近づきすぎないような処置をした。
同じようにネコに襲われた事件はその後も起こったが、翌年二〇一三年六月に起きた事故はさまざまな意味で関係者に強いインパクトをもたらした。それは、「生きよう」とするアカガシラカラスバトの生命力を示す事例であり、やすやすとネコに襲われるような弱さを持ちながらも、いままで生きのびてきたしぶとさも感じさせる出来事だったからだ。
それは、父島の住民の多くが暮らす清瀬の都営住宅近くで起きた。この都営住宅の向かい側には森があり、研究機関の圃場になっているのだが、都営住宅の駐車場とも隣接している。アイボの調査員が自宅から駐車場に近づき車に乗ろうとしたときのことだった。一羽のアカガシラカラスバトが地面でじっとしているのが見えたのである。近づいても飛ばず、どうも弱っているらしいのでアイボ事務所に連絡し、スタッフが軍手をした手でそっと持ち上げてみると……。

「あっ!! 首がない!」

一見ただ元気がないだけのように見えたそのアカガシラカラスバトは、首の部分をさっくりとえぐられたように失っていて、首と胴体はむきだしになった食道や気管、血管、頸椎でかろうじてつながっているだけだったのである。

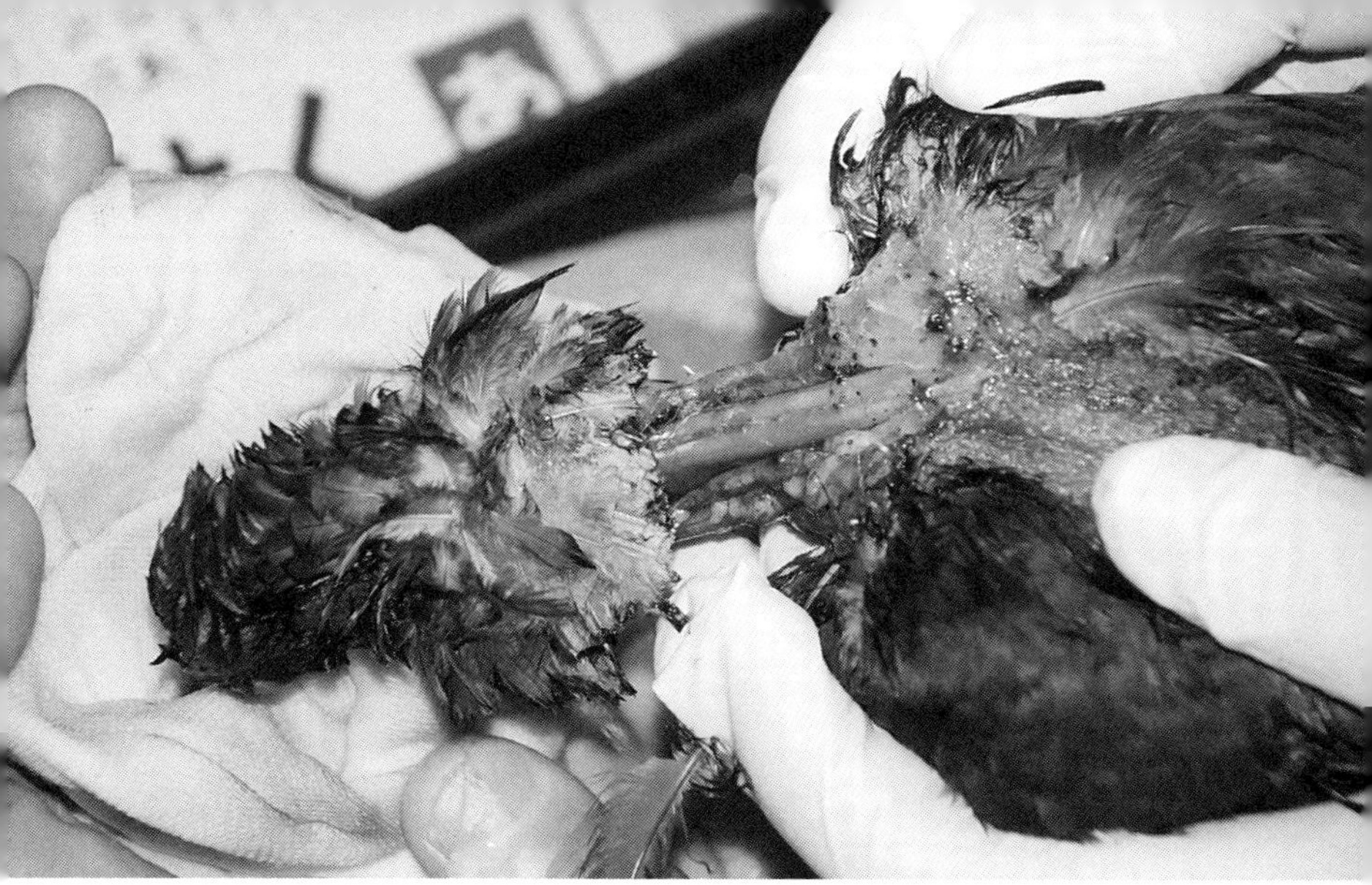

ネコにより首周りの肉を失ったアカガシラカラスバト。このときは驚くべきことにまだ生きていた（提供：小笠原自然文化研究所）

いそいで段ボールに入れ保護してアイボ事務所へ運び入れ、このときは活動を理解してくれている診療所の医師が対応してくれた。専門外であることは承知の上で頼み込み、怪我の手当をしてもらう手はずを整えた。

「まっかなむき出しの器官だけで首を支えながら、そのアカガシラカラスバトはがんばっていました。医師が傷口洗浄し、保護のための軟膏を塗ったり、殺菌作用のある薬を筋肉注射したりしてくれている間、何度も意識を失ったり呼吸が弱くなったりしたものの、持ちこたえていたんです。保温した箱の中で、止まり木に留まってじっとしていて、よく生きている！　と驚くばかりでした」

鈴木や直子、堀越など数名がかかり切りで世話をし「死んでいないか」と確認するが、悲惨な状態のまま、そのアカガシラカラスバトは生き続けていた。医師の手を借りながら、水や野菜ジュース、粉ミルクを溶いて与えていたが、島ではこれ以上の処置はできない。次の「おがさわら丸」出港は五日。もしその日まで生きていたら上野へ送りたいと、鈴木はネコ連のメンバーにハトの状態を伝え、協力を求めるメールを出し続けた。

五日、このハトは弱々しくも生き続けており、搬送を決定。小笠原海運は、このハトのために急病人用の部屋を提供してくれた。

こんなときの二十五時間半は長い。瀕死のハトだけを乗せるわけにはいかない。鈴木は付き添いとして乗船し、傷口が乾かないようにくり返しガーゼを交換するなど、寝ずに手当てをしながら東京着を待ちわびた。

上野動物園では手術室を開けて待っており、運ばれると同時に獣医数名が付きっきりの超高難度の手術を開始した。医師たちは動物園で飼育されているとはいえ、野生動物を数多く手術している人びとである。その人びとが手術中何度も何度も言った。

「こんなに生命力がある鳥は見たことがない!!」

運ばれてきたときにも「こんな状態で生きているなんて信じられない！」と医師たちを驚かせたハトは、手術中にも時折反応を示し、その生きようとする力に誰もが驚いた。

手術は数時間に及んだが、最後の最後の局面でこのハトは息を引き取ってしまった。状況をネコ連はじめ関係者に伝える辛いメールを鈴木は書き始めた。

「(略)さて、月並みですが、本当にこの絶滅危惧種一個体の死と、みなさまの努力を無駄にしたくない、と思いました。

絶滅の縁にあって、少しばかりの光明が差してきたアカガシラカラスバト。でも、本当の復活を歩むには沢山見られている子供たちが繁殖群に加わるまで生き延びることが必要です。この個体が示したさまざまな課題を、みなさまとともに整理して、すぐに、現場の保全に反映させて、まずはこの夏の人為事故を極力減らすことを、必ず前進させましょう。

まだまだ絶滅の縁にありながらも、ヤツらは、生きよう生きようとしていますから。そして、島(小笠原)も、彼らを生かそう、生かそうとしているように見えます。

今、このタイミングに居合わせた人間がどう向き合うか——そんなことを感じながら今日を終えました」

増えたからこそ人間社会とアカガシラカラスバトが出会うことで起きる事故——。それはノラネコに限らなかった。その一つが交通事故である。アカガシラカラスバトはなぜか地面から一メートルぐらい上のところを飛んで道を横断することが多く、車が走っている前方でこれをやられると急ブレーキを踏んでも間に合わず、車と衝突し死んでしまう。加えて、なぜかある時期、車道上で佇んでいるアカガシラカラスバトが多くなる箇所があり、車から見えない位置にいると車にはねられる……という事故も起こった。

さらにバードストライク（衝突）だ。これは鳥一般でよく起こる悲劇だが、周囲の木々などが映り込んでいるガラス面を錯覚し、そのまま飛んで衝突してしまうのだ。二〇一二年六月には小笠原高校の玄関ガラスに突っ込んで死んでしまった個体がいた。学校の教員が出勤して発見したときにはすでに息はなく、ガラスを見たら放射状の大きなひびが入っていて衝撃の大きさを物語っていたという。

当時、アイボでは毎日のように受ける「あかぽっぽ、いましたよ」といううれしい報告と同時に事故の報告も数多く受け取らなければならなかった。ネコに襲われたらしき死体、交通事故死、バードストライク、建物内部への迷いこみ……。

「当時は僕らもなんでこんなに事故が起きるんだとショックを受け続けていました。でも、どんな事故がどんな状況でどのくらい起こっているかを表にまとめてみたとき、原因はなんなのか、それにどう対応するべきなのかという、いつもの分析—対応を始めてみたら整理ができました。それでやっと落ち着いて、やるべきことは何かを考えることができたんです」（佐々木）

たとえば交通事故。なぜ、道路にアカガシラカラスバトが現れるかというと、道路の上にガジュマルやシマホルトノキなどがあり、車道にその実が散らばっていることが分かった。ハトは餌を食べるために道路にいたのだ。だから車道に現れるのは実がついた時期だけだったのだ。見通しの良い道なら運転手が道路上のハトを見つけてブレーキを踏むこともできるかもしれないが、カーブの先にいた場合は間に合わない。

最初は立て看板を立ててドライバーへの注意を喚起したが、それだけでは効果が薄い。「だったら道に実が落ちないようにすれば良いんじゃないか？」と考えた。そこで調べてみると、都道では管理者による張り出した木の伐採が可能であることが分かった。警察に確認したり、小笠原支庁へ出向いて説明し、道路に実を落としそうな枝を伐採してもらうよう頼んだ。

カーブになっているところは、道に雑草が大量に生えているとさらに見通しが悪くなる。これも管理者に話し、草刈りしてもらうこともした。枝が高すぎて伐採できない場所などは、今でも実が落ちる時期にアイボのスタッフがほうきを持ち寄って道路上の実を道路脇に掃き出すこともしている。

「自分たちが目指す〝人とネコとハトが共存できる島〟を実現するために、人間と野生動物の間のトラブルを防ぐなら必要なのは技術と知識と工夫。それしかないと思っています。感情的に『ハトを守れ！』と叫んでも無理で、その問題はどういう構造で、何を変えれば事故がなくなるかを調べて取り組んでいかないと」

そういう鈴木は続けて、

「これはアカガシラカラスバトが絶滅危惧種から普通種になるための一つの通過点でもあるのかもしれません。数が増えて、アカガシラカラスバトたちが集落域に来ることで、一度は経験しないとならない事象なのかも」

という。ただ、彼らは生命力がある。もし、天敵であるオガサワラノスリが何かの拍子に一斉に襲ってきたら（オガサワラノスリはアカガシラカラスバトを捕食する）、持ちこたえられないかもしれない。だけど人間社会とのトラブルは技術と知識と工夫で彼らを危機から遠ざけられるはずだ。

悲惨な事故は起こってしまったが、防ぐ方法は必ずある。そして、島の住民もそれに手を貸してくれるはずだ。なぜなら、「人とペットと野生動物が共存する島」を望んだのは他ならぬ住民なのだから。

それを信じて取り組んでいくしかない、アイボの三人は口を揃えるのだった。

恐るべきノネコの復活

このグラフは二〇一六年までのネコの捕獲数である。ほかの外来種対策も関連しているが、

ネコの捕獲数の推移

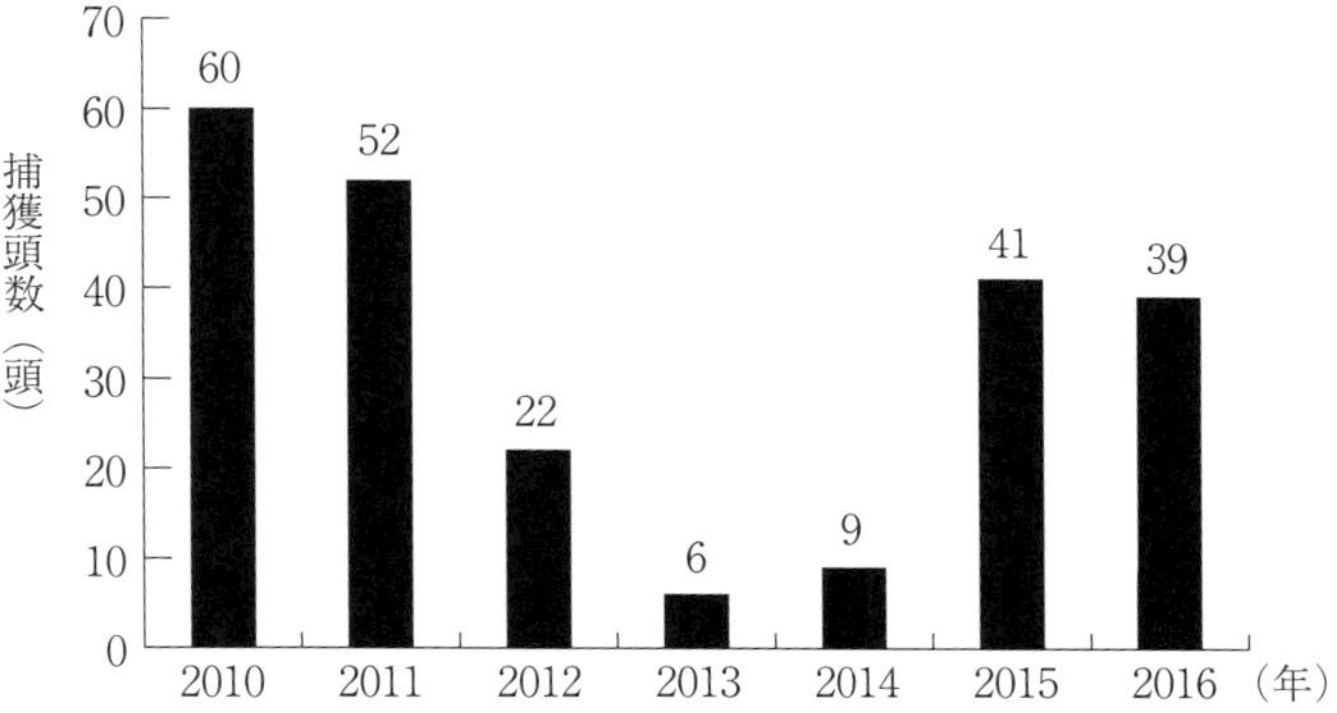

提供：環境省小笠原自然保護官事務所

二〇一二〜二〇一三年のアカガシラカラスバトの目撃数増加と併せて考えると、ノネコの捕獲数がアカガシラカラスバトの繁殖増加に関係していると読み取れる。

二〇一三年頃までに、父島の山にいるノネコはもうあと一〇匹ぐらいと考えられていた。どうしても捕まらないノネコは何匹かいたが、それを捕らえれば無事任務完了だろうとねこ隊員たちも考えていた。

ところが。二〇一四年のことだった。

「この画像！」

山に仕掛けたカメラの映像をチェックしていたねこ隊の一人は驚きのあまり叫んだ。

なんだ、なんだと他の隊員が覗き込むとそこには驚くべき光景が写っていたのである。

「子ネコだ！　ブチコが子ネコを連れて歩いてい

る！」

ねこ隊の間でどうしても捕まらないノネコとして〝ブチコ〟と名付けられた白黒ブチのネコがいたのだが、そのブチコが子ネコを連れて捕獲カゴの周りを歩いているではないか。

「何匹いる？　次の画像に送ってみろよ」

自動撮影機は、動くものがカメラの前を通ると自動的にシャッターが下りるようになっている。最初の画像ではブチコを先頭にして二匹が歩いていた。画像を先送りするとブチコは前に進み、後に子ネコが三匹写っていた。さらに先送りすると四匹。まさかともう一回先送りしたところ、なんと計六匹の子ネコが隊列を組んでブチコの後に連なっていたのだ。

「もうそろそろねこ隊の仕事も収束かな」

と遠からず終了宣言ができると思っていたねこ隊の衝撃は大きかった。しかもその続きの画像では、ブチコと子ネコたちが捕獲カゴの周りで遊んでいるシーンが映っていた。もちろん、捕獲カゴは餌が仕掛けてあり、少しでも中に入り踏み板を踏んだらふたが閉まるようになっているのに、決して踏み板を踏むようなことはなく、カメラに写ったブチコはまるで子ネコたちに「いい？　この中に入ったらふたが閉まって出られなくなっちゃうんだからね」と教えているようにさえ見える。

「もう、一同撃沈でしたよ」

村田は言う。

「なかなか捕まらないノネコはたまに現れるんですが、この当時、子ネコを連れているのはあまり撮影されなかった。それだけに衝撃度は巨大です」

リバウンド。外来種対策の現場ではよく見られる現象だという。アカガシラカラスバトの増加が確定的になった二〇一三年、ネコの捕獲数は六匹（一匹は飼い主がいたのでノネコではない）だった。ところが衝撃的なブチコの映像を経て二〇一五年には四一匹が捕まるようになってしまった。

ブチコのほか、ゼリーと名付けられたネコもまた、父島の山を縦横に行き交い子ネコを連れた様子がカメラに写る〝ビッグママ〟としてねこ隊の嘆きの対象となっていた。

「カメラの映像で一昨日はあそこにいた、今日はあそこにいたというのを地図上にマークして『どうにかしてつかまえてやる』と闘志を燃やしましたよ。今ではもう、捕獲カゴにネコが入っていても歓声を上げたりしませんが、何度狙っても捕まらないネコが入っていたら『ヤッター！』と叫んじゃうでしょうね」

二〇一五年、ねこ隊の村田はそう言って山へ入っていった。

それから二年、二〇一七年になってもねこ隊とビッグママたちの攻防は続いていた。カメラに写っているブチコ、ゼリーの行動を予測して特定箇所に捕獲カゴを多く仕掛けたり、捕獲カゴに仕掛ける餌にソーセージやめんつゆ、またたびシートやカニカマ、フェロモン剤まで用いて工夫にも余念がない。

ついにブチコが捕まったのは二〇一七年一月だった。このときは入ったばかりのねこ隊員が仕掛けた捕獲カゴに入ったため、彼はそんな偉大な（?）ネコだとは知らず、戻ってから初めてブチコだと判明。本人よりずっと追いかけていた隊員たちの方が興奮したそうだ。

続いて五月、ゼリーも捕獲された。捕獲カゴ越しに見るビッグママたちは非常に臆病で用心深く、慎重で、捕獲カゴの中から威嚇することもなかったという。

リバウンドは今も続いている。父島で二〇一三年捕獲数六匹、「山の中にはおそらくあと数匹」から、二〇一四年の捕獲数は九匹、二〇一五年は四一匹、二〇一六年は三九匹（父島のみの数字）、二〇一七年の暮れにはさらに増えた。なぜ、ノネコが増えたのか。佐々木は考え考え、説明してくれた。

2014年に撮影された子ネコ連れのノネコ。このネコはタビと名付けられ、ねこ隊の努力により2015年に捕獲された（提供：環境省小笠原自然保護官事務所）

「今考えられる理由としては、ノネコを捕獲したことでクマネズミが増えて、山に残っているノネコの餌が増えたこと、同時に山の中のノネコの密度が減って、一匹あたりが利用できる土地が広くなったことで、住みやすくなってしまっている状況があるということです。条件が良くなって餌が増えたので、繁殖の頻度も上がっている。それで子ネコが前より多く生まれるようになった……ということかと考えています」

この対策として、捕獲圧を高めることを考えているが、同時にクマネズミ対策も考えなければならない。しかし、クマネズミはオガサワラノスリの重要な餌でもある。こうした絡まりあった生物間の関係も考えながら着手していく必要がある。

ただ、調査データで見る限り、ノネコのリバウンドによってアカガシラカラスバトが減っていることはない。増えている状況をキープできてはいるが、リバウンドを放っておく訳にはいかない。

トラップシャイのノネコたちは頭がよく用心深いので、ねこ隊員たちは仕掛ける餌にさらに工夫と模索を凝らしている。ネコの飼い主が、

「うちのネコはビールに興味を示すんだよ」

「この間、手作りドーナツを盗み食いしてた」

と言えば、仕掛ける餌の中にくわえてみる。また、かつて弟島で野生化したブタを捕獲したことがある人が、

「ブタはなんでかわからないがカレー粉に寄ってきたな」

と言えば、いつも使っているしょう油で煮たサバにカレー粉を掛けてもみる。まさかそんなものに効果が？　と思うかもしれないが、かのブチコは煮サバに、なんと練乳をかけた餌に反応して捕獲カゴに入ってきたのだという。何が決め手になるかわからない。

村田たちは山に仕掛ける捕獲カゴの数を二倍から三倍に増やそうとしている。当然山中での作業量が増えるので、一人が一日で六〇個以上の捕獲カゴのチェックを行うようになった。

そのためにねこ隊員も増員予定である。

リバウンドそのものについては、

「うーん……。自然を相手にしているとリバウンドはあって当然、これを失敗とか挫折とかいう風には考えていません」

とアイボでは言う。アカガシラカラスバトの増加についても、このままずっと増加の曲線を描くかというと、そうであって欲しいけれどそうそう順調にだけはいかないだろうとも考えている。たとえば巨大台風や干ばつなど今まで経験しなかった災害が起こって、彼らの多くが命を落とすこともあるだろう。

「でも野生動物は、そういう自然が起こす災害には強いと思うんです」

とは鈴木の言だ。そういえば、考えてみればアカガシラカラスバトよりも巨大なオガサワラカラスバトはなぜ早々に絶滅してしまい、アカガシラカラスバトは残っていられたのか。種子を食べる生きものでありながら、カタツムリまで食べる柔軟性、数々の野生動物を手術してきた獣医さえも驚かす生命力をアカガシラカラスバトは持っている。

「つまりアカガシラカラスバトは絶滅の淵でふんばれた力を持っていると思うんです。だけどそこに人間の圧力が加わってしまうと、一気に絶滅してしまう。たとえば生息地を奪ってしまったり、この数年必死になって取り組んできたノネコを増加させるようなことをしてしまったら、姿を消してしまうでしょう。

私たちは人間由来の彼らの困りごとを減らす努力をひたすら淡々とやり続けるだけです。それをくり返していったその果てに、アカガシラカラスバトが本当の意味で〝島のハト〟と呼べる日が来るんだと思います」

鈴木も佐々木も同じようなことを言った。

海を越えたネコは七七七匹を超えた。父島のリバウンドについては、今後どのように捕獲の計画を立てるべきかを再考している。二〇一七年には、父島に「世界遺産センター」が開設され、その中についに念願の、獣医が常駐する「動物対処室」が設置された。そして、新たに「おがさわら　人とペットと野生動物が共存する島づくり協議会」も設立されたのである。構成団体は環境省、林野庁、小笠原村、東京都獣医師会とアイボである。これによって野生動物の保護の現場と、ペットの飼い主が一つの動きの中でつながり、今まで個別に行ってきたことが連動して考えられるようになった。

ノネコプロジェクト全体の管理を担当している佐々木に話を聞くと、今、プロジェクトはステージが変わりつつあるという。取り組みによって、約四〇羽だったアカガシラカラスバトは絶滅の縁から回復しつつある。次は巨大台風や大規模な災害などの危機が起こっても耐えられるぐらいにまで、増えて欲しい。安定的な集団の維持、ということだ。それには一〇〇〇羽を越すぐらいまでの回復を目指したい。

しかし、今のノネコリバウンド状況を打開しないことには、この一〇〇〇羽のステージにはなかなか届かない。

「この数年のデータを精査したところ、なかなか捕獲カゴに入らないネコが年数回繁殖し、一回に五匹から六匹を産むという状況では、生まれてくるネコのうちメスネコの八~九割を捕獲しないと今の数から減らすことができないだろうことが見えてきたんです。今のやり方ではがんばっても現状維持にしかならない。

今は捕獲圧をかける、つまり捕獲カゴの数を増やして対策しています。これまでは月一〇〇個ぐらい（いわば五〇個の捕獲カゴを二十日間稼働させる）捕獲カゴを仕掛けていましたが、倍あるいは三倍にして、山にいるノネコの数が減るか、平衡状態かを見ながら次の方針を決めていこうとしています」

しかし、カメラのデータを見て分析している佐々木も、現場に出ている村田も、それでもまだ足りないのではという感覚がある。リバウンドを押し戻し、山から東京へ全ノネコを送り出すには、鈴木のいう「技術と工夫」をさらに考えていかなければならない。

母島はどうかというと、父島で行ってきたような全島捕獲は今も行われず、南崎と都道沿いを中心にした散発的な捕獲にとどまっているため、今後は本格的な全島捕獲を視野に入れる必要がある。

「でもそうすると、年間数十匹の単位で捕獲される可能性もありますから、捕獲したネコの引取先～里子というルートの強化も重要です。獣医師会にお願いするのみではなく、島でも里親を増やすためにホームページを開設したりしているのですが、ここも固めた上で取り組んでいく予定です。

今後五年、母島は南部エリアに捕獲を集中化して、アカガシラカラスバトや海鳥の安全地帯を確実に守っていく方針です。並行してネコの受け入れ先の拡大にも力を入れていき、それが広がっていくと同時に捕獲エリアも広げていくという形を取ろうとしています」（佐々木）。

そうなるとまた「ねこまち」は満員になるだろう。また多くのネコが船に乗り、海を渡っていくだろう。それが何年か続いた先、「ねこまち」がひっそりし始めたときがきたら、それが「終わりの始まり」になるはずだ。

4

本当の共存の形をさがす

あの日から十年

二〇一七年十二月八日。父島の「小笠原村地域福祉センター」に八七名の住民が集まった。みんなでアカガシラカラスバトの未来を決めたワークショップから十年。この日は「あかぽっぽの日の集い十周年記念大会」。あかぽっぽの日の集いとは、一年に一回アカガシラカラスバトのことを考える日を作ろうという目標のもと、ワークショップの翌年から毎年行われてきた催しである。

今回は十年前に参加した人には当時何を話し合い、何を決めてそれがどこまで達成しているかを改めて確認するために、また、人の入れ替わりが激しい小笠原で、過去を知らない新しい住民にこの十年、どのような努力が行われて今、アカガシラカラスバトの姿を普通に見かけられるようになったのかを伝えるために行われた。十年前は一二〇名の参加だったので、関心が減ったのか？　と勘ちがいしそうだが、前回は半数が島外の人だったのだ。当時よりも二〇名以上多い住民が集まったことは、関心が薄まっていないことを表している。何よりも、十年前のワークショップの際にはどういうステークホルダーとして入ってもらえるかが見えず、呼ぶことができなかった欧米系の住民や、ぜひ来てほしかったけれどタイミングが合わないなどの理由で来てもらえなかった住民にも参加してもらえる会となった。

あの時と同じように「(アカガシラカラスバトの生息する)域外＝飼育を行っている動物園」、「域内(小笠原)」、「地域社会」の三つのグループで十年前の目標はどのくらい達成しているか、また、新たに起こった問題は何かを一〇個あげ、その中で最も関心のあるものは何かを参加者全員で投票する「疑似ワークショップ」スタイルで進められた。今回の投票券はサンゴの欠片である。

「域外」は上野動物園でアカガシラカラスバトの飼育を担当する坂下涼子がプレゼンテーションを行い、もっとも票を集めたのは「自然繁殖成功率が低い」こと。上野動物園では二七羽のアカガシラカラスバトが現在四一羽まで増えているが、ペアリングするかと思ったオスとメスがつがいにならなかったり、卵がかえっても育てなかったりすることもあり、思っていたよりは数が増えていないのである。

堀越が担当した「域内」は「トラップシャイに苦戦」が、鈴木が話した「地域」は「獣医さんが島に来た！　動物を診られる施設ができた！」がトップになった。十年前に目標とされたことは多く達成できていても、トラップシャイのネコが出現したように、思わぬ結果が出ることもある。その十年の成果と現状を改めて全員が同じ場所で確認し合ったのだ。

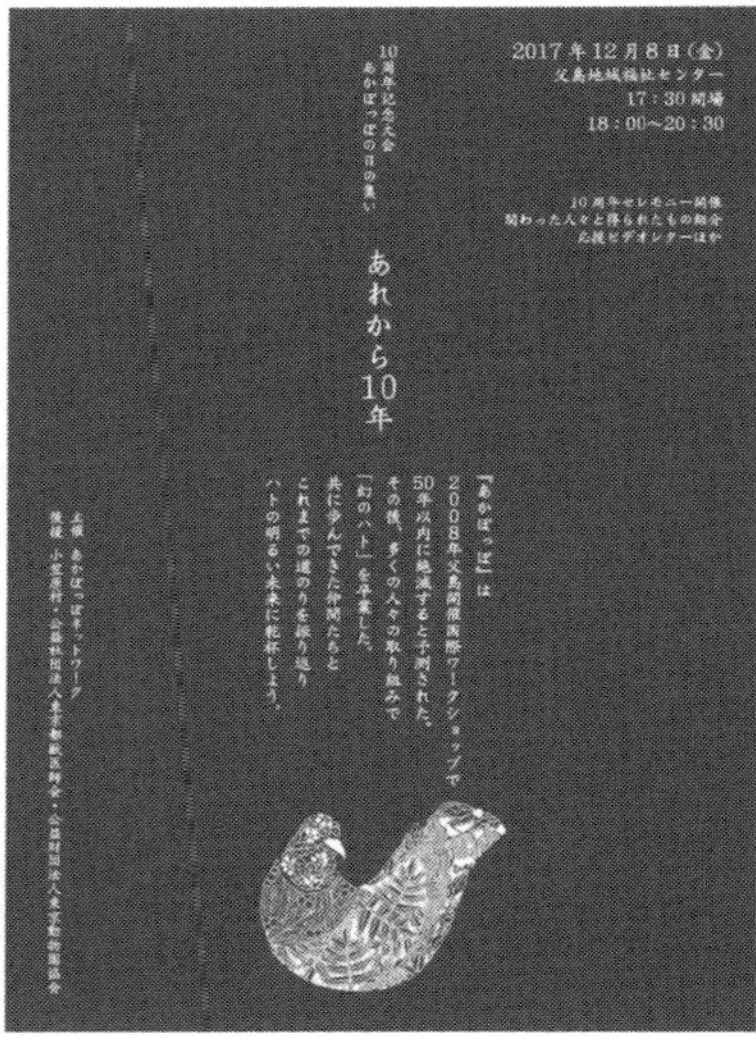

10年目の「あかぽっぽの日の集い」。あの時いた人にも、新しく参加した人にも、今や〝あかぽっぽ〟は身近な隣人になった（提供：小笠原自然文化研究所）

WSで提案されたアクションプラン
地域

変わりつづけていかなければならないのは私たち

三十年前、開発により発展を望む声が強かった小笠原で「自然を守るために開発はやめよう」という声は出しづらかった。逆に今は「自然は置いておいて開発しよう」という声のほうが出しづらい。この大ドンデンはどこで起こったのだろう。

鈴木が以前、「ワークショップのとき、『人に守りたいと思わせるには、実物を見せなきゃだめ。森の中に飼育施設を作って、アカガシラカラスバトを見せるべき』と考えた専門家がいた。でも、住民の一票はそっちにいかなかった。見えないものを守る方を選んだ」といっていたことを思い出す。

ワークショップに参加した梅野ひろみは言う。

「森にケージを作ってアカガシラカラスバトを見せようっていう意見はたしかにあったけど、島の人たちが取り組んだ結果、これだけ自然の状態で見られるようになったこと、こっちのほうが何百倍も素晴らしい」

必ずそうなると、あのとき誰も思っていなかった。でも、小笠原で守るならそっちのやり方がふさわしい。私が感じていたように、若く、しがらみのないこの小笠原だからこそ選べた方法ではないだろうか。

二〇一八年。現在のアカガシラカラスバトの推定数は三〇〇~四〇〇羽と言われている。リバウンドしたノネコの捕獲に向けて、再度、トライが始まる。母島でも本格的な山の捕獲が始まる。

また「ねこまち」が満員になり、沢山のノネコが「おがさわら丸」に乗って旅立つようになり、やがてその数が徐々に減っていったときに、かつて四〇羽と言われたことが信じられないといわれるほど、彼らの姿は当たり前に島の中にあるだろうか。小笠原の暮らしの中に「人間はちょっと苦労してもハトに譲ってあげる」システムができているだろうか。

この十年、アカガシラカラスバトは何もしていない。なぜ、以前の十倍以上まで彼らが増えたのか、それは人間の側が変わったからである。

大きな池の中心に落とされた水滴が、何キロもある水辺まで緩やかに波紋を広げるように、関わる一人ひとりの意識、行動が影響しあい変わりはじめ、広がっていったからである。

アカガシラカラスバトは島と島をつなぎ、人と人をつないだ。変わり続けていかなければならないのは、私たちである。それは小笠原の中で人間しかできないことなのだ。

あとがき

小笠原のネコプロジェクトの話はテレビや新聞、雑誌などで何度も取り上げられたことがあるので、聞いたことがある方も多いと思います。ただ、そのプロジェクトがここまで進んできた根底には住民のボトムアップによる努力があったこと、またそれを作ってきた小笠原自然文化研究所という小さなＮＰＯ法人があったことまではあまり表に出てきません。

小笠原でのこの取り組みは、決して行政主導ではなく、島に暮らす一人ひとりの意識改革で成り立ったことこそが重要なのにという残念な気持ちを持っていましたが、「だったらそれを自分が書けば良いのかも」と思うまでは少々時間がかかりました。

アカガシラカラスバト保護の話は、非常にたくさんの人・機関が絡み合い、協力しあって続いていることです。この十年の話を書くにあたり、自分の視点をどこに定めるか悩みました。しかし、全体を俯瞰して流れを書くのは他の人の役割で、私はこの取組の最前線に立ち、その行動や言動に何度も共感を覚えたアイボを描きたい、この人たちが何を考えて十年やってきたかを伝えたいと思い、できるだけ彼らの視点に立ちたいと思い書き始めました。

とはいえ、彼らにとっての十年は非常に濃厚で、私がこうだろうと解釈した意味と、その言葉の後ろに彼らが伝えたかった意味がずれていることも多く、結局全部書いてから再度トータル十時間以上話を聴き直すことになり、大半を書き直すことになりました。

いちばん衝撃だったのは、最後の話し合いの時に「結局俺らはネコを外来種問題とは思ってなかったから」と言われたことで、ネコ＝外来種という前提で文章を組みたてていた内容がひっくり返ったことです。しかし、言われてみればもっともなことで、グリーンアノールやノヤギなどと異なり、ネコは人間が小笠原に住む限りこれからも一緒に居続ける存在で、しかも人間がしっかり管理しさえすればいずれ完全に防げるという意味で、解決法がある問題だったのです。とはいえそれが簡単にできないから今もネコプロジェクトは続いているわけですが……。

彼らは正月休みにほうきを持って車道に散らばったガジュマルの実を掃除したり、台風のあと、お世話になっている農家の畑の復旧作業を手伝ったりしています。今回は登場しませんでしたが、アイボにとってアカガシラカラスバトと並んで保全の対象となっている固有種にオガサワラオオコウモリがいます。オオコウモリは果実や果樹の葉を食べるので、農家にとっては困りものです。しかしオガサワラオオコウモリは天然記念物であり、畑にきても農家は何もできません。そんな苦しみや悔しさを一人で抱え込まないでほしい、だから何かできないか対策を考える、そのために農家に足を運ぶという地道なことをアイボはやっています。それが島の住民でもあり、研究者でもある彼らの立脚点なのだろうと思います。

島の生きもののためにこんなやり方をしている人たちが小笠原にいる、ともかくそれが伝われば、それだけでこの本を書いた甲斐はあったというものです。

そんな三人も、出会った当初は四〇代、三〇代、二〇代だったのに、気がつけば六〇代、五〇代、四〇代となってしまいました。この数年二〇代の若い職員が数名アイボに入ったので、彼らの情熱とスタイルが継承されることを願ってやみません。

そして、私は最後のノネコが東京に運ばれる日まで、このプロジェクトを取材し続けたいと思っています。

この本を書くにあたってはたくさんの方にお世話になりました。取材の際にご迷惑をかけっぱなしだったアイボの堀越晴美さん、鈴木直子さん、浅谷敦子さん、石間紀子さん、高橋千佳子さん、串橋夕子さん、島に住んでいた時に常に助けていただいた平賀洋子さん、坂入祐子さん、有賀正治・文子ご夫妻、山のことを教えてくれた星善男さん、そしていつも取材基地として家を提供してくれた井ノ口知江さんほか小笠原のすべての方に心から感謝します。

この物語を本にすることができたのは東京新聞の野呂法夫さんのおかげです。小さな島の話を出版してくれた緑風出版ともども、限りない感謝を捧げます。

二〇一八年三月

有川美紀子

参考文献

『小笠原植物図譜増補改訂版』豊田武司、アボック社
『小笠原の自然』小笠原環境研究会、古今書院
『小笠原ハンドブック』ダニエル・ロング、稲葉慎、南方新書
南部叢書第一〇冊『小友船漂流記』太田孝太郎等校、南部叢書刊行会
『アカガシラカラスバト保全計画作り国際ワークショップ最終報告書』アカガシラカラスバト保全計画づくり国際WS実行委員会
『小笠原諸島に学ぶ進化論』清水善和、技術評論社
『幕末の小笠原』田中弘之、岩波新書
『目で探る小笠原』小笠原返還20周年実行委員会記念誌編纂室
『誰が世界を変えるのか　ソーシャルイノベーションはここから始まる』フランシス・ウエストリーほか、英治出版
『アカガシラカラスバトの棲む島で』NPO法人小笠原自然文化研究所、堀越和夫・有川

美紀子
（パンフレット）
『いのちつながれ小笠原』都民公開シンポジウム、（社）東京都獣医師会
『あかぽっぽレストラン』NPO法人小笠原自然文化研究所
『島ネコ　マイケルの大引っ越し』環境省関東地方環境事務局、NPO法人小笠原自然文化研究所、NPO法人どうぶつたちの病院
（論文）
「小笠原諸島におけるアカガシラカラスバトの島間移動」鈴木創・柴崎文子・星善男・鈴木直子・堀越和夫・障子己佐子・障子幹・坂入祐子・高野肇
「世界遺産条約の国内実施の実態・小笠原諸島の事例」中山隆治
（資料）
「小笠原諸島世界自然遺産に関する基礎資料集平成27年度版」小笠原諸島世界自然遺産地域連絡会議事務局
「小笠原のネコ対策　崖っぷちから脱した10年の取り組みと新たな挑戦」佐々木哲郎（NPO法人小笠原自然文化研究所）
「アカガシラカラスバト若鳥の集落域海岸林での出現」NPO法人小笠原自然文化研究所

年表

1830	小笠原に初めての定住者（ハワイから来た欧米系及びハワイ人）
1945	日本がポツダム宣言受諾、小笠原諸島米国統治下に置かれる
1968	小笠原諸島日本返還
1996	小笠原村で「小笠原飼いネコ適正飼養条例」制定される
2000	アカガシラカラスバトの環境省による推定個体数「約40羽」
2001	特定非営利活動法人「小笠原自然文化研究所（アイボ）」設立 読売新聞にアカガシラカラスバトの生息数「小笠原諸島全体で三十羽程度」と記事が出る
2002	アイボ、弟島でのアカガシラカラスバト調査開始 6月、紅白、父島集落（奥村）に現れる 10月、紅白、弟島で目撃される
2003	アイボが父島・中央山でアカガシラカラスバトの生態調査開始 「世界自然遺産候補地に関する検討会」で小笠原諸島が候補地となる
2004	父島・中央山でノネコとアカガシラカラスバトのニアミス、ノネコ緊急捕獲を行い、捕獲後、三日月山へ放す

2005　母島・南崎のオナガミズナギドリ、カツオドリ営巣地をノネコが襲う
　　　その後、ネコを捕獲、うち1匹が「マイケル」と名付けられる

2006　5月、「小笠原ネコに関する連絡会議」発足
　　　南崎にノネコ侵入防止用の柵設置される

2008　1月「アカガシラカラスバト保全計画づくり国際ワークショップ」開催。〝飼い主のいないネコを山の中からなくす〟ことが住民合意で短期目標となる
　　　（公財）東京都獣医師会「動物医療派遣団」開始

2010　父島山域でのノネコ捕獲事業（環境省）始まる。ねこ隊結成。
　　　捕獲ノネコ一時飼養施設「ねこ待合所」開設

2011　6月、小笠原諸島が世界自然遺産登録地と認定される
　　　8月、アカガシラカラスバトの若鳥が出現する

2012　8月、アカガシラカラスバトの若鳥が海岸域で大量に目撃されるようになる

2013　8月、アカガシラカラスバトの若鳥の目撃数大量に増加

2014　母島・南崎でカツオドリが営巣再開
　　　父島の山域でノネコがリバウンドし始める
　　　10月、東京へ搬送したノネコが400匹を超える

2017　5月「小笠原世界自然遺産センター」開所。施設内に「動物対処室」が設置され、獣医1名が常勤するように
　　　12月「10周年記念大会　あかぽっぽの日の集い」開催

2018　東京へ搬送したノネコが777匹を超える。

[著者略歴]

有川美紀子（ありかわみきこ）

1962年東京生まれ。フリーランス・ライター。テーマとして自然と人の関わりについて取材を続ける。その関係性が見えやすい「島」に惹かれ、国内外60以上の島を巡る中、小笠原と出会い30年に渡り取材を続ける。2009 ～ 2010年、母島に住民票を移す。現在は横浜在住。共著に『小笠原自然観察ガイド』(山と渓谷社)、『オガサワラオオコウモリ森をつくる』(小峰書店)ほか。

小笠原《おがさわら》が救《すく》った鳥《とり》

——アカガシラカラスバトと海を越えた777匹のネコ

2018年5月10日　初版第1刷発行
2018年6月30日　初版第2刷発行
2018年7月10日　初版第3刷発行

定価2000円＋税

著　者　有川美紀子 ©

発行者　高須次郎

発行所　緑風出版

〒113-0033　東京都文京区本郷2-17-5　ツイン壱岐坂
［電話］03-3812-9420　［FAX］03-3812-7262［郵便振替］00100-9-30776
［E-mail］info@ryokufu.com［URL］http://www.ryokufu.com/

装　幀　斎藤あかね　　カバー写真　鈴木創（小笠原自然文化研究所）
制　作　R 企 画　　印　刷　中央精版印刷・巣鴨美術印刷
製　本　中央精版印刷　　用　紙　中央精版印刷・大宝紙業　E750（ED2700）

ISBN978-4-8461-1806-8　C0045